诸亚铭　毛培成　崔萌萌　主编

蚕豆

 中国农业科学技术出版社

图书在版编目(CIP)数据

蚕豆／诸亚铭,毛培成,崔萌萌主编. --北京：中国农业科学技术出版社,2024.3
ISBN 978-7-5116-6740-3

Ⅰ.①蚕… Ⅱ.①诸…②毛…③崔… Ⅲ.①蚕豆-蔬菜园艺 Ⅳ.①S643.6

中国国家版本馆 CIP 数据核字(2024)第 065230 号

责任编辑 崔改泵
策　　划 叶培根
责任校对 马广洋
责任印制 姜义伟　王思文

出 版 者　中国农业科学技术出版社
　　　　　北京市中关村南大街 12 号　　邮编：100081
电　　话　(010) 82109194(编辑室)　　(010) 82106624(发行部)
　　　　　(010) 82109709(读者服务部)
网　　址　https://castp.caas.cn
经 销 者　各地新华书店
印 刷 者　中煤(北京)印务有限公司
开　　本　148 mm×210 mm　1/32
印　　张　5.125　　彩插　4 面
字　　数　150 千字
版　　次　2024 年 3 月第 1 版　2024 年 3 月第 1 次印刷
定　　价　58.00 元

《蚕　豆》

编辑委员会

蚕豆形态特征

蚕豆幼苗

蚕豆现蕾

蚕豆开花期

结荚的蚕豆

蚕豆成熟

蚕豆开花结荚期

蚕豆开花

蚕豆结荚

蚕豆结荚

蚕豆粒和豆荚

蚕豆间作套种

蚕豆与花生套种

蚕豆与蔬菜间作套种

蚕豆与蔬菜间作套种

果园套种蚕豆

蚕豆与玉米套种

蚕豆病虫害

蚕豆蚜虫危害

蚕豆锈病

蚕豆霜霉病病斑

蚕豆蓟马危害

蚕豆褐斑病

蚕豆赤斑病

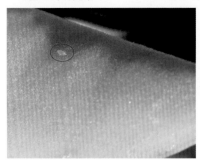

蚕豆象卵

蚕豆象成虫

前　言

蚕豆是豆科蝶形花亚科野豌豆族野豌豆属（巢菜属）中唯一没有卷须的种，是世界上最重要的豆科植物之一。蚕豆因其豆荚外形似"蚕"而得名。

蚕豆种植范围广泛，中国是世界最大的蚕豆生产国和出口国，种植面积占全球的 59%，产量占全球的 61%。中国境内蚕豆分布南北跨纬度 25°，东西跨经度 45°，从温带到亚热带，从海拔4 000 m 的西藏高原，到海拔 10 m 以下的东海之滨均有蚕豆种植。

慈溪位于浙江东部的沿海地区，是浙江蚕豆的主要生产地区之一，当地蚕豆品种'慈溪大白蚕'是浙江五大名豆之一。'慈溪大白蚕'有着光辉的发展历史，但也曾经经历了低谷。

从 1949 年起，到 20 世纪 80 年代，慈溪蚕豆面积虽一直保持在10 万~18 万亩，但产量则从中华人民共和国成立前的不足 100 kg/亩不断提高，基本稳定在 200 kg/亩以上。随着干蚕豆的出口创汇，在东南亚一带创出了一片天地，"宁波手拣白蚕"蜚声海内外。同时，慈溪农民也获得了较好的经济收益。1977 年，日本商人来到慈溪繁育蚕豆种子，引入日本大粒型蚕豆新品种'协和蚕豆'后，种植面积逐渐扩大，为慈溪带来了超大粒蚕豆，也为慈溪速冻蚕豆产业的发展带来了契机。随着慈溪冷冻厂（浙江海通食品集团的前身）的成立，慈溪蚕豆实现了以干豆出口向速冻鲜蚕豆出口的转变，经济效益大幅提高。

2001 年，慈溪市种子公司成功选育出大粒型蚕豆新品种'慈蚕 1 号'。由于该品种的植株长势旺盛、产量高，而且鲜豆的食用品质优良、商品性好，慈溪的蚕豆主栽品种才从日本品种转回到本土选育的品种。此外，'慈蚕1号'还被推广到江苏、上海、福建等地，得到了当地农民的广泛认可。但随着大粒型'慈蚕1号'品种的广泛种植，'慈溪大白蚕'这个地方品种又进一步被边缘化，经历了第二次低谷。

2016年以来，慈溪市农业技术推广服务中心承担了慈溪市农业农村局、慈溪市科学技术局、宁波市科学技术局的"慈溪大白蚕地方品种保护与选育""优质农作物地方种质资源的征集复壮及示范""慈溪大白蚕的提纯复壮与选育"等项目，开展了'慈溪大白蚕'的提纯复壮、新品系选育、地方品种繁育等一系列工作。提纯复壮后的慈溪大白蚕，以及新选育的'慈科蚕2号'等新品种不仅在慈溪境内普遍推广，而且扩展到本省的绍兴、台州等地区。项目实施期间，慈溪市农业技术推广服务中心还就蚕豆的育种目标、育种技术以及蚕豆的栽培管理技术进行了一系列探索。

为系统总结项目实施工作经验、成果，慈溪市农业技术推广中心蚕豆项目实施组，决定以自身实践为基础，对项目实施进行系统总结，同时也参考了众多学者及同行的论述、文献和经验，编写了本书，由中国农业科学技术出版社出版，以供同行和广大蚕豆生产者参考。全书共分8章，共计15万字。

在蚕豆相关科研项目的实施过程中，得到了浙江大学郁飞波教授的帮助。在此书的编写过程中，我们参阅了叶茵等许多学者的论文著作，并得到了浙江省农业科学院宋度林副研究员、宁波市绿色食品办公室推广研究员张庆副主任、浙江省科普作家协会农业专业委员会叶培根老师等的帮助，在此谨对被参阅了著作的老师和帮助我们完成编写的老师、同志和朋友表示衷心的感谢。

由于工作繁忙，经验不足，在编写过程中，难免会有不足或疏漏之处，敬请读者给予谅解。

编 者

2023年11月22日

目　　录

第一章 概　述

第一节　蚕豆的起源与分布

蚕豆，又称南豆、胡豆、佛豆、倭豆、罗汉豆、川豆、大豌豆、寒豆、马豆、梅豆等，属于豆科（Leguminosae）、蝶形花亚科（Papilionoideae），野豌豆族（Vicieae），野豌豆属（巢菜属 Vicia L.），是野豌豆族、野豌豆属（巢菜属）中唯一没有卷须的种。其染色体形态较大，DNA 的含量亦多。染色体数目一般为 $2n = 12$，但亦有报道日本栽培种中染色体数目有 $2n = 14$ 的品种。

根据蚕豆复叶上小叶的对数，蚕豆又可分成 2 个亚种：凡具有 2.0～2.5 对小叶的为印度蚕豆亚种 Paucijuga，具有 3～4 对小叶的为蚕豆亚种 Eu-faba。在蚕豆亚种中，根据种子大小又可分为三个变种，即大粒变种、中粒变种、小粒变种。中国的分类标准为：百粒重在 120 g 以上为大粒变种；70～120 g 为中粒变种；70 g 以下为小粒变种。

蚕豆根据用途可以分为食用、菜用、饲用及绿肥用 4 种；根据播种期和冬春性则可分为春蚕豆和秋蚕豆；以种皮色为标准，可分为青皮豆、白皮豆和红皮豆等。

蚕豆可以称得上是世界上第三大重要的冬季食用豆作物，也是世界上最古老的栽培作物之一，至今已有 5 000 余年的栽培历史。

关于蚕豆的起源，至今尚未确定，因蚕豆种中尚未发现具有亲和力的野生类型。对其起源地有几种不同观点：多数学者认为蚕豆栽培的历史比小麦、兵豆（别名冰豆、滨豆、鸡眼豆、小扁豆）晚，基本可以肯定它起源于近东和地中海沿岸。1936 年 Hector 认为蚕豆是从 *Vicia narbonensis* 的一个分支衍化出来的。公元前 3000 年约旦已有蚕豆。公元前 2000 年，整个地中海沿岸，西班牙的东部和西部都已栽种蚕豆。这个时期的蚕豆都是小粒种（*Vicia faba*）。

在近代，蚕豆的起源被追溯到近东地区。1974 年，Cubero 推测蚕豆从这个中心向 4 个方向传播：向北，它们被带到欧洲；沿着北非海岸，它们蔓延至西班牙；沿尼罗河，它们被带到埃塞俄比亚；从美索不达米亚平原，它们传播到印度，并从那里，又被带到中国。而美洲的蚕豆则是在哥伦布发现新大陆之后才被引入的。

关于蚕豆的起源，还有其他的说法。例如，1931 年，Muratova 提出大粒蚕豆原产于北非，而小粒蚕豆原产于里海南部。1935 年，瓦维洛夫在中亚的喜马拉雅山脉和兴都库什山的交会地区发现小荚、小粒的原始类型蚕豆。由此，他提出：中亚是蚕豆的最初起源地。他的观点是：蚕豆从中亚沿纬线山脊向西延伸到伊朗、土耳其、地中海到西班牙，蚕豆籽粒逐渐增大。特别是根据西西里岛和西班牙的蚕豆比阿富汗喀布尔地区的蚕豆大 7~8 倍的事实，他认为地中海沿岸及埃塞俄比亚是大粒蚕豆的次生起源地。

1972 年，Schultze-Motel 以考古学的证据认为蚕豆是在新石器时代后期（公元前 3000 年）被引入农业栽培的，而不是第一批被驯化栽培的作物。

1973 年，Hanelt 等在以色列到土耳其和希腊海岸线考古发现在死海北面的杰里科（Jericho）有新石器时代蚕豆残留的种子，被确认为公元前 6250 年的遗物。在西班牙和东欧的新石器时代及瑞士和意大利等地青铜器时代遗址中也发现了蚕豆的残留物。

蚕豆在公元 1 世纪由欧洲传入中国。中国最早关于蚕豆的记载出现在公元 3 世纪上半叶的三国时期张揖所著的《广雅》中，其中出现了"胡豆"一词。在浙江省湖州市吴兴区钱山漾新石器时代遗址中也曾出土过蚕豆。然而，"胡豆"这个词的解释并不统一，有人认为它指的是蚕豆，也有人则认为是豌豆或豇豆等。蚕豆种植最早的时间有文字记载的是在《益部方物略记》（公元1057年）一书中。此书记载："佛胡，蜀人谓之王蜀，以王蜀所产也。"这表明蚕豆在蜀地，也就是现在的四川，被广泛种植并被称为"佛胡"。

总的来说，蚕豆的起源及其传播路径充满了各种推测和争议，但无论如何说，它都是人类文明中不可或缺的一部分。从古至今，蚕豆都在丰富着我们的饮食文化和生活方式。蚕豆一开始并不被农民所重视，但却成为了消费者的宠儿。蚕豆用盐渍食之，小孩子们尤为喜欢。明朝的李时珍曾经对蚕豆进行过描述，他称其为"蚕豆"，是因为豆荚的形状如同老蚕一般。在《本草纲目》中，他也记录了关于蚕豆的种植历史，其中提到："太平御览"云，张骞出使西域得胡豆种归，令蜀人呼此为蚕豆。据日本清治小藏的民间报道，中国在公元前100年（西汉）就开始种植蚕豆，而日本的蚕豆大约是在公元700年后才从中国引入的。因此，蚕豆传入中国的历史至少有2 100多年。

关于蚕豆的起源和传播还有其他的说法。比如Hanelt在1972年认为是在丝绸贸易初期，大粒蚕豆变种（*Vicia faba* var. *major*）被带到中国的。他认为没有证据证明公元1200年以前在中国有任何蚕豆种植，但到公元16世纪，蚕豆在中国的种植已发展到相当规模。如今，蚕豆的种植范围广泛，从温带到亚热带地区均有种植。

据联合国粮农组织（FAO）生产年鉴统计，目前全球蚕豆栽培面积从2018年到2021年分别为284.79万、261.05万、265.92万和272.27万 hm²，其中，我国的蚕豆种植面积分别为87.4万、84.1万、81.0万和80.4万 hm²。在全球面积基本稳定的情况下，我国的蚕豆面积正呈缓慢下降趋势。法国的蚕豆也分为春播和秋播，大粒种分布零散，多作为蔬菜使用。北非的蚕豆种植季节因地区而异。例如，埃塞俄比亚高地上的蚕豆要等到雨水来临（6

月）才开始播种，种子为小粒种，收获干豆子供人们消费。而阿尔及利亚、摩洛哥和突尼斯作为冬季作物，利用冬雨种植，大多数为大粒种，既可以收获干豆子，也可以摘取果荚作为蔬菜，小粒种则多用作动物饲料。埃及和苏丹则进行冬季播种，主要供人类食用。西亚（包括塞浦路斯、约旦、黎巴嫩、叙利亚和土耳其）大多数国家的蚕豆属于冬季作物，依靠冬雨种植，主要种植在海边。在内陆地区有灌溉条件的地区种植大粒种，其中 2/3 作为蔬菜使用，1/3 用于收获干种子。北非和西亚 12 个国家的年产量占全世界年产量的 10%～15%，其中以北非 7 个国家的产量最多，总产量达到 641 000 t。

蚕豆在我国有着悠久的栽培历史，除了山东、海南和东北三省极少种植蚕豆外，大多数省区都种植蚕豆，是我国重要的粮、菜、饲、肥兼用型作物。我国的蚕豆按播种期的不同可分为蚕豆秋播区和蚕豆春播区。其中，蚕豆秋播区又可分为南方丘陵亚区、长江中下游亚区和西南山地、丘陵亚区。而蚕豆春播区则可分为西南、青藏高原亚区、北部内陆亚区和北疆亚区。中国蚕豆秋播区的地理位置为北纬 21°～33°、东经 98°～122°，秋播蚕豆面积占全国蚕豆播种面积的 80%；春播区的蚕豆种植面积只有 20%，但其分布的范围比秋播区大得多，在北纬 31°～46°、东经 90°～122° 的范围内，以及西藏自治区、四川省西部、云南省的西北部地区。长江以南地区以秋季播种为主，长江以北则以早春播种为主。据统计，秋播区的云南、四川、湖北和江苏省的种植面积和产量较多，占全国的 85%。春播区的甘肃、青海、河北和内蒙古则占全国的 15%。云南是蚕豆种植面积最大的省份，占全国的 23.7%，常年种植在 35 万 hm^2 左右，以秋季播种为主。主要用于稻麦田里套种和经济作物行间进行间种，采摘青嫩的荚果作为蔬菜或收种子食用，将茎秆翻压作为绿肥。

中国的蚕豆优良品种很多，有以'慈溪大白蚕''昆明白皮豆''上海三白豆''临夏马芽''青海孕大豆'等为代表的传统地方品种，还有'慈蚕1号''通蚕鲜8号''成胡21''临蚕3号''青海9号'等新育成的蚕豆新品种，而且新品种在继续选育之中，近年来推出的新品种越来越多，促进了蚕豆品种的不断更新。

慈溪位于浙江东部的沿海地区，是浙江蚕豆的主要生产地区之一。早在宋代，舒亶在《〈和马粹老四明杂诗〉，聊记里俗耳十首》里，用"箔蚕迎豆熟"的诗句描绘了蚕豆成熟的景象。明成化《宁波郡志》（约1468年）中已有明确的关于蚕豆的记载，见证了慈溪蚕豆生产的历史悠久。

在慈溪东部，人们把蚕豆叫做倭豆。这个称呼的由来有多种说法，但都与抗击倭寇的历史有关。谢朝辅在《蛟川物产五十咏》中写了一首名为《蚕豆》的诗，描述了蚕豆的花朵如水墨般美丽，颗粒圆匀，青梅尚小，正是蚕豆成熟的季节。清代戈鲲化的《再续甬上竹枝词》中也有关于蚕豆的诗句，描绘了蚕豆种植的景象和南风吹拂下楝花飞舞的场景。这些诗句表明了古人对蚕豆的喜爱。蚕豆种植省工增肥、以地养地，深受慈溪农民的喜爱，尤其在沿海地区种植较多。民国时期的《余姚六仓志》（注：六仓中有五仓均在今慈溪市境内，约占今慈溪陆域面积的一半）记载："海地产豆，东以白豆最富……荚实大……多输出境。"由此可见，慈溪产的蚕豆在民国时期就已经作为特产销往海外。慈溪的传统蚕豆品种"慈溪大白蚕"是浙江五大名豆之一。该品种的蚕豆籽粒大、品质好，干籽百粒重达120 g以上，可作为春花作物，可粮可菜，素获好评。《中国蚕豆学》中评价该品种"种子色泽光洁……，食味佳美……，畅销日本和东南亚各国。"可以新鲜食用，也可以加工成多种副食品，如制作成粉丝、豆板酱、油沸豆板、兰花豆、五香豆、盐炒豆等。据《慈溪农业志》（1990）记载，1936年，慈溪蚕豆播种面积达到13.14万亩，亩产99 kg。而从1949年到20世纪80年代，慈溪蚕豆一直保持在10万~18万亩，亩产量则从中华人民共和国成立前的不足100 kg不断提高，基本上稳定在200 kg以上。

在蚕豆种植的过程中，慈溪农民也曾引进过绍兴、上虞的蚕豆品种，但因为豆粒较小而没有得到推广。1977 年，日本商人来到慈溪繁育蚕豆种子，引入了大粒型蚕豆新品种'协和蚕豆'。尽管其抗性较差、退化快、产量低，但种植面积逐渐扩大。1985 年，慈溪冷冻厂（浙江海通食品集团的前身）成立后，速冻蚕豆的加工使得对大粒型日本蚕豆的需求大幅增加，导致日本蚕豆成为主要种植品种。干籽粒型蚕豆出口逐渐被速冻蚕豆所取代。2001 年，慈溪市种子公司成功选育出大粒型蚕豆新品种'慈蚕 1 号'。该品种鲜百粒重达到 450 g 左右，干百粒重则在 200 g 左右，而且鲜豆的食用品质优良，商品性好，适合速冻加工。随着'慈蚕 1 号'的推广，慈溪的蚕豆主栽品种从日本品种回到本土选育的品种。此外，'慈蚕 1 号'还被推广到江苏、上海、福建等地，得到了当地农民的认可。随着大粒型'慈蚕 1 号'品种的广泛种植，'慈溪大白蚕'这个地方品种逐渐被边缘化，种植面积不断减少，品种不断退化。然而，由于生产"芽豆"的需求，这个品种在坎墩街道等地仍有零星种植。为保护这个优质的地方品种，慈溪市农业技术推广中心开展了提纯复壮工作，并建立了宁波市级地方种质资源库，使这个老品种仍然保持一定的活力。

第二节　蚕豆的种质资源

一、蚕豆种质资源研究

（一）蚕豆种质资源的搜集与保存

蚕豆的种质资源分为 6 类：野生资源、地方品种、选育品种、品系、遗传材料和其他。

重视与加强蚕豆种质资源的收集、引进和评价工作，对于拓宽蚕豆种质资源的遗传多样性，促进蚕豆种质的交流与利用，具有重要的现实意义和科研价值。

蚕豆种质资源丰富，据 2008 年的统计数据，全世界 37 个国家共收集蚕豆资源 38 360 份，其中最大的收集单位是国际干旱地区农业研究中心（ICARDA），保存有 9 016 份蚕豆资源，中国保存 5 229 份，保存蚕豆资源较多的国家还有澳大利亚 2 445 份、德国 1 920 份、法国 1 900 份、俄罗斯 1 881 份、意大利 1 876 份、摩洛哥 1 715 份、西班牙 1 622 份、波兰 1 258 份、埃塞俄比亚 1 118 份。这些种质资源多保存于 −20 ~ −18 ℃ 的长期库和 5 ℃ 左右的中期库中。

中国蚕豆资源研究始于 20 世纪 70 年代，经过 50 多年的国家农作物种质资源科技攻关，对国家种质库中保存的蚕豆种质资源进行了农艺性状鉴定，并对部分资源进行了抗病性、抗逆性和品质性状鉴定。根据中国农业科学院作物科学研究所种质信息研究室提供的数据，现已有 1 960 余种种质资源可供育种者直接在其网站上提交使用申请。近年来，农业农村部组织开展了多次全国农作物种质资源普查工作，征集了大量的地方品种资源，必将使我国的蚕豆资源的征集得到进一步加强，种质资源将进一步丰富。

中国蚕豆品种资源丰富多彩，地方品种较多的有浙江、云南、安徽、湖北；其次是四川、湖南、内蒙古、江苏、陕西、山西、江西等省；福建、新疆、广西等地较少。就全国蚕豆种质资源类型的分布上来看，大粒型多分布在青海、甘肃、四川西部和新疆维吾尔自治区；中粒型多分布在浙江、江苏、上海、四川东部、云南和贵州；小粒型以山西、陕西、湖北、内蒙古、广西等省（自治区）居多。

（二）资源的鉴定与评价

1. 资源分类

徐东旭等对国内外不同地理来源的 637 份蚕豆资源的 18 个性状进行了评价，结果表明，群体间多样性差异极显著，并与资源的地理分布相关联。根据性状数据将资源聚类为 3 个类群：类群 I 包括亚洲、欧洲、非洲、美洲、ICARDA 及我国的浙江、江苏、安徽；类群Ⅱ包括我国的河北、青海、云南；类群Ⅲ包括我国的湖南、湖北、贵州、四川、广西、江西。其中洲际间比较，亚洲资源多样性广泛，美洲资源多样性狭窄；国内外比较，国内资源遗传多样性高于国外资源；国内春秋蚕豆区资源比较，春蚕豆资源群体的遗传多样性略高于秋蚕豆群体；国内省际间比较，湖南、青海的多样性指数较高，广西、江西的多样性指数较低。

2. 各省资源鉴定与评价

浙江省农业科学院的郎莉娟等对浙江省收集到的 23 份地方品种进行鉴定评价，鉴定出 12 个优异品种资源。王丽萍等得出云南省蚕豆种质资源多样性较为丰富，其中绿子叶蚕豆资源是云南独有的地方品种资源。郭媛贞等从云南省的 7 个蚕豆品种中鉴定出'凤豆 4 号'的综合表现最好。唐代艳从湖北省收集到的 192 份蚕豆资源中分别鉴定出综合表现优异、高蛋白、高淀粉、抗病、抗盐资源，并总结出湖北蚕豆品种资源以中熟、小粒、白皮类型为主，但抗病虫性较差、耐盐性不强。水蓉等从甘肃省内收集到的 93 份蚕豆资源中鉴定出 12 份品质优异资源。赵晓云从甘肃 25 个蚕豆品种中鉴定出综合表现突出的 1 个秋蚕豆品种和 2 个春蚕豆品种。陈海玲等对福建省 13 个蚕豆外引品种生态适应性进行综合评价，结果表明：'川 9122-2''闽选 35''启豆 2 号''川 9301-1'等品种的综合表现较佳。王小波等对四川 23 个市（县）125 份蚕豆种质资源进行了考察与鉴定，筛选出 2 份大粒种质和 6 份具有较高产量潜力的种质。杨武云等在四川鉴定出 3 份低异交率结实特性蚕豆。王佩芝等对青海省、河北省的 108 份蚕豆优异资源进行综合评价，鉴定出 31 份大粒、11 份多荚、14 份多粒、11 份长荚、22 份矮生、5 份多分枝及 9 份高蛋白的单项优异资源及一批复合优异资源。刘志政对青海省 63 份蚕豆品种资源进行鉴定评价，将青海地方蚕豆资源分为温暖灌区马牙蚕豆类型、干旱丘陵籽大豆类型、高寒山区仙米豆类型。马镜娣等对江苏省 331 份蚕豆种质进行了鉴定和评价，共鉴定出'启豆 2 号'等 7 个优异品种。

3. 资源的抗病性鉴定

赵承玉等对来自国内外的 1 485 份蚕豆种质资源进行了褐斑病抗性鉴定，鉴定出 125 份抗性资源。黄琼等从 159 份蚕豆品种（系）中鉴定出 34 份抗细菌性茎疫病资源，并得出株高与发病率呈负相关，大粒种发病率较低的结论。李月秋等从 241 份蚕豆品种（系）中筛选出 32 份抗锈病、产量较高且农艺性状较好的优异资源，结果表明：株高与品种（系）的锈病发病病情指数呈负相关性；单株籽粒数提高，品种抗性水平降低；品种（系）百粒重增加，抗性水平提高，特别是大粒种；品种单株的生产能力增加，抗病性水平降低。

二、蚕豆育种研究

种质资源是植物改良的物质基础。广泛收集种质资源，并对材料的性状表现型进行观察分析，从而了解性状的多样性和性状间的相关性，既可以了解相应性状的遗传规律，又可以为新品种的培育提供指导。因此，系统研究蚕豆种质资源的遗传多样性对蚕豆遗传育种具有重要意义。

1. 遗传力对产量的影响

李华英等研究表明，蚕豆是遗传力较低的作物，在蚕豆各农艺性状的遗传力中，百粒重最高，平均达 73.42%；株高为次，平均为 68.39%；第三为单株粒数，平均为 56.92%；单株荚数、有效分枝数和单株产量等 3 个农艺性状的遗传力均不足 50%，分别为48.53%、46.15% 和 39.96%。李劲松分析了 51 个地方蚕豆品种的各农艺性状与产量的相关遗传力，结果表明：蚕豆的百粒重、株高和单株实粒数等性状的相关遗传力较高，分别为 0.316 0、0.291 0和 0.238 5，有效分枝数和单株荚数的相关遗传力仅有 0.177 4 和0.137 0，因此在育种上可以通过前 3 个性状间接选择单株产量，其选择效率分别可达 52.6%、48.4% 和 39.7%。

李华英等分别对株高、有效分枝数等 5 个指标与产量的遗传相关性进行了研究，结果表明：在所调查的 5 个性状中，单株荚数与产量的遗传相关最为显著，相关系数为 0.252 9~0.651 2，而张焕裕的试验结果为负相关（-0.154 0），但不显著；其次是百粒重与产量的遗传相关，相关系数为 0.293 5~0.627 1；第三是株高与产量的相关性，其相关系数为 0.358 9~0.934 4，第四为株粒数与产量的遗传相关性，相关系数为 0.216 5~0.723 0，与产量的遗传相关最小的是有效分枝数，其相关系数仅为 0.140 9~0.852 2。此外，生育期、荚长、荚宽等 3 个性状和产量的遗传相关系数仅有张焕裕进行了研究，其遗传相关系数分别为 0.823 5、0.469 0和 0.468 3。

在产量性状表现上，黄文涛等研究得出，蚕豆遗传变异系数与表型变异系数高度相关，通过表型的选择就可对所需要的基因型进行选择。王立秋总结国外研究成果得出：主茎数与株粒数密切相关，是决定产量的因素；荚数、单株粒数和粒重是决定产量的主要因子，而荚粒数对单株产量影响不大。唐代艳通过试验得出，单株荚数、有效枝和单荚粒数与单株产量呈极显著正相关。黄文涛、李华英、李劲松等研究的结果一致，认为株高、有效分枝数、株粒数、百粒重均与单株产量呈正相关。而张焕裕研究得出，有效枝、单荚粒数、生育期、荚长、荚宽与单株产量呈正相关，单株荚数却与单株产量呈负相关。崔世友等得出收获指数是一个与产量呈极显著正相关（$r=0.85$）的比较稳定的因子。缪亚梅等研究鲜食蚕豆得出：鲜籽百粒重、百荚鲜重和荚长与鲜籽产量呈极显著正相关，百荚鲜重、鲜籽百粒重、荚长、荚宽之间呈极显著正相关，株高与单株荚数、单株荚数与节数、出籽率与节数呈极显著正相关。刘凤芹等研究表明，影响蚕豆籽粒单产的主要因子是初花节位、株高、单株粒数、单株分枝数和百粒重，它们决定蚕豆 53.49% 的产量。

2. 遗传力对品质与性状的影响

品质育种的一个重要指标是单宁含量。王立秋总结国外研究单宁含量的遗传规律，认为单宁含量受 2 个互补的隐性基因控制，与种脐色、花色、皮色以及托叶上有无棕色斑等性状相关，且对植株具有基因多效作用，无单宁品种的标志为纯白花、白脐、白粒、第三和第四节托叶无棕红色斑、幼苗茎色无红色素。唐代艳研究得出，蛋白质与单株产量和百粒重呈弱负相关；淀粉与单株产量呈极显著正相关，与百粒重呈弱正相关。一些国外育种家研究得出，蛋白质、淀粉和灰分与种子大小无显著相关；粗蛋白质与粒重呈正相关，与精氨酸呈极显著正相关，与赖氨酸呈极显著负相关。但临夏州农业科学研究所的研究表明，产量与蛋白质含量无显著相关。关于产量与品质间的相关性研究结果不一，但并没有见到两者呈负相关的报道，因此选育出高产优质的蚕豆品种是可能的。

甘肃省农业科学院作物研究所的王晓娟、祁旭升、王兴荣等对194份甘肃新征集蚕豆种质资源的35个主要性状进行了较为全面的鉴定，分析各个性状的遗传多样性，结果如下：

（1）质量性状遗传多样性：194份国内外蚕豆种质资源质量性状存在较广泛的遗传多样性。粒色和粒形的遗传多样性指数最高，分别为2.007 0和1.758 1；小叶叶缘形状、荚质的遗传多样性指数最低，为0.232 0和0.384 2；其他性状的遗传多样性指数介于0.430 7~0.955 8，质量性状平均多样性指数为0.801 8，粒形分为近球形、窄厚、中厚、窄薄、阔厚、阔薄6类，频率分布较为分散，中厚和窄薄占比较大；粒色分为乳白、灰、黄、红、紫、浅绿、深绿、深褐8类，频率分布较为分散；赤斑病抗性和褐斑病抗性分为HR、R、MR、S、HS等5类，频率分布均以MR最多，HR最少；叶色以绿色最多；小叶叶形以椭圆形最多。小叶叶缘形状多为平滑；鲜茎色以紫色最多；花旗瓣颜色以白带褐纹最多；花翼瓣颜色以白底褐斑最多；开花习性多为无限；荚姿多为直立；成熟荚色以深褐色居多；荚质多为硬荚；种子平滑度以光滑最多；脐色多为黑色；子叶色以淡黄色最多。

（2）数量性状遗传多样性：供试种质资源数量性状间的平均值、极值、变幅、标准差、变异系数和多样性指数均存在较大的变异。百粒重的变幅最大，达 124.5 g，最大 184.7 g、最小 60.2 g，株高的变幅较大为 61 cm，最大 119 cm、最小 58 cm，每果节荚数和荚宽的变幅最小，分别为 1.3 个和 1.3 cm；变异系数中初花天数和生育日数较小，分别为 4.74% 和 3.56%，其他各性状变异系数均较大，介于 10.21%~23.55%，变异系数平均 15.909 9；除节间长度多样性指数最低，为 0.154 1，其他各性状多样性指数均较大，每果节荚数多样性指数较小为 1.184 9，小叶数目多样性指数最大为 2.173 7，多样性指数平均为 1.846 5。这表明 194 份蚕豆资源拥有丰富的遗传多样性，是育种的宝贵资源。

第三节　蚕豆生产在国民经济中的地位和作用

一、发展蚕豆生产的独特优势

发展蚕豆生产的优势，主要表现在以下 5 个方面：一是适应性广，国内除了东北三省，新疆和西藏的部分地区外，均可种植。二是有广泛的市场。蚕豆产量高，规模稳定，生产周期短，青蚕豆供应期长，品质优，风味佳，受众广，拥有广大的市场空间。三是种植效益好。蚕豆消费需求大，市场销量大，加工外销多，使得蚕豆的经济效益一直维持在较高的水平。四是蚕豆种植适宜轻简栽培。蚕豆种植可采用免耕点种法，即利用前作收获后适宜的土壤墒情，不用翻扰耕作层，直接点播。苗期适当补苗或间苗，中后期做好水分管理和病虫害防治即可，种植管理相对简单，农民易于掌握。五是节约劳动力。蚕豆的栽培过程中，管理相对粗放，对劳动力的需求较少，大大缓解劳动力不足及其成本居高不下的难题。

二、蚕豆用途广泛

（一）食用

蚕豆富含营养，包括蛋白质、糖类、钙、磷、铁、胡萝卜素、膳食纤维、维生素 B_1、维生素 B_2 等人体必需元素。据测定，干蚕豆的蛋白质含量平均为 30% 左右，有的品种甚至达到 42%，是食用豆类中仅次于大豆的高蛋白作物。在人体中不能合成的 8 种必需氨基酸中，蚕豆中除色氨酸和蛋氨酸含量稍低外，其他 6 种含量都高，尤其是赖氨酸含量丰富，比谷类作物高 1 倍；蚕豆中富含胆碱和磷脂。蚕豆中各种维生素的含量均超过大米和小麦。蚕豆脂肪中的脂肪酸成分为 88.6%，其中不饱和脂肪酸为 87.8%（油酸 45%，亚油酸 30%，亚麻酸 12.8%），饱和脂肪酸为 11.4%（硬脂酸8.2%）。青蚕豆清炒鲜食，色绿、味香、性糯、易酥，是春末夏初时鲜菜中的佳馔，价廉物美，营养丰富。我国明代农学家徐光启（1562—1633 年）评价蚕豆为"百谷之中最为先登，极救农家之急，蒸煮代饭，炒炒供茶，无所不宜"。清代《植物名实图考》称，"蚕豆嫩者供烹，老者杂饭，干之为粉，炒之为果，接新充饱，和麦为糁。"至今蚕豆还是我国边远地区的主要粮食之一，也是南方稻区的主要小春粮食作物或夏粮作物之一。困难时期青蚕豆是一种急救作物，上海市曾有交售 6 kg 青蚕豆折算 1 kg 粮食任务的规定。许多春蚕豆产区，如甘肃、青海等地，还常以春蚕豆作为主粮与麦粉、玉米粉混合做成面条面包食用；蚕豆还可加工成蚕豆粉丝、粉皮、粉条、五香豆、兰花豆、怪味豆、酱油纤维粉等多种产品。

（二）饲用

蚕豆作饲料，我国已有悠久历史。早在北宋苏颂的《图经本草》中就有"喂牛马甚壮"和"叶可饲畜"的记载。据调查，种 1 hm^2 蚕豆可养肥猪 10～15 头，或养日产奶量 15 kg 的奶牛 1～2头。蚕豆籽粒与其他谷物饲料搭配使用，能显著提高饲料的转化率。蚕豆收获后的茎、叶、荚壳及籽粒加工后的粉糠是家畜的优质饲料，是重要的饲料来源。据中国农业科学院畜牧研究所分析，蚕豆秸秆和荚、叶中蛋白质含量达 6.0%～17.6%，用鲜茎叶作奶牛青饲料，其经济效益更高。

（三）菜用

中国城乡居民有采青蚕豆作蔬菜的习惯。鲜嫩的青蚕豆，营养丰富，食味甘美，价廉物美，是筵席佳肴和民间菜肴。青蚕豆富有蛋白质、糖分、矿物质和多种维生素。青蚕豆除了鲜食以外，还可加工成速冻蚕豆和青蚕豆罐头出口。干蚕豆是耐贮藏蔬菜，通过发芽成为"芽蚕豆"，是我国特有的最早的无土栽培蔬菜之一。干蚕豆还可以加工成许多系列菜肴。

（四）药用

蚕豆的药用价值我国早有记载，明代王象晋（1621年）的《群芳谱》中载有：蚕豆"味甘微辛平无毒、快胃、和脏腑、解酒毒、误吞金银等物者，用之皆效"。据近代医学科学研究，蚕豆的籽粒、茎叶、种皮、花、荚壳等都有其药效作用，主要有健胃利湿、治水肿、止血、止泻和一定的抗肿瘤功效。同时，由于蚕豆不含动物具有的胆固醇，而是含有豆固醇，它可减少人体肠道对体内胆汁所分泌的胆固醇的吸收，因而可以降低人体血清胆固醇，防止脑溢血和动脉硬化等症。又因蚕豆赖氨酸等必需氨基酸含量高，多食蚕豆制品，对蛋白质缺乏、营养不良、老年人和糖尿病人等都有良好的疗效。

此外，蚕豆是植物学和生物环境监测的重要材料，具有方便、简捷、快速、准确的特点，已被国内外学者广泛采用。

（五）肥用

蚕豆是一种重要的绿肥植物，通常可在采青荚后，将其鲜茎叶切断翻入土中用作绿肥。蚕豆茎叶产量一般在 15 000～30 000 kg/hm²，据分析，每 100 kg 蚕豆鲜茎叶含全氮 1.16 kg、全磷 0.3 kg、全钾 0.9 kg。这样 1 000 kg 的蚕豆鲜茎叶折算成化学肥料，约相当于硫酸铵 55.4 kg、过磷酸钙 16.8 kg、硫酸钾 18.0 kg。

蚕豆还可以通过豆—草混作，即蚕豆与紫云英混种来提高绿肥的产量。据慈溪、平湖、嘉善多地调查，紫云英套种蚕豆的鲜草产量比纯种紫云英的鲜草产量提高 20.0%～45.3%。

三、蚕豆是重要的用地、养地植物

种植蚕豆不仅能收到富含蛋白质的蚕豆产品，而且可借助种植蚕豆获得大量根瘤菌，利用其固氮作用，培肥地力，有利于其他套（间）茬作物的增产。蚕豆固氮能力因土壤、生产水平和品种而异。据文献资料，蚕豆的平均固氮量为 222 kg/hm²，为大豆固氮量113.4 kg/hm² 的 195%，仅次于紫苜蓿 229.35 kg/hm²。

蚕豆除根瘤固氮以外，还有大量的茎、叶、根可还原于土壤，增加土壤有机质，改善土壤结构。

蚕豆与其他作物套种，是耕作制度改革中的一种良好模式，如江浙一带豆棉套种、豆麦间作等，都科学地使豆科与非豆科 2 种生物学和生态学不同的作物互补，充分利用了土地和光能，能明显减少病虫害危害，提高产量，浙江的农民称之为"豆麦夫妻"，有互促互补作用。

四、蚕豆是重要的出口创汇产品

蚕豆不仅用途广泛，是用地养地的"法宝"，而且还是我国出口农产品中重要的创汇产品。蚕豆的加工品素受国际市场欢迎，如浙江省的'慈溪大白蚕'等。我国蚕豆不仅外销东南亚和日本等邻近国家市场，而且还远销科威特、黎巴嫩、埃及、法国、意大利以及澳大利亚、加拿大等国际市场。曾经有人计算过，出口 1 t 蚕豆可换回 1.32~1.36 t 小麦，或者 1.88 t 大麦。

五、蚕豆生产投入少，成本低，效益好

蚕豆生产与水稻、小麦、油菜相比较是投入最少的作物。据浙江省慈溪市农业推广服务中心调查，在慈溪市生产 4 500 kg/hm² 的小麦、8 250 kg/hm² 的水稻与生产27 000 kg/hm² 蚕豆青荚相比，小麦的投入产出比是 1：1.22，水稻的投入产出比是 1：1.08，蚕豆的投入产出比是 1：1.64。

第二章　蚕豆的形态特征和生物学习性

蚕豆有春播（一年生）和秋播（越年生）之分。其植物器官可分为根、茎、叶、花、荚果与种子。

第一节　蚕豆的形态特征

一、根系

蚕豆种子萌发时，首先长出一条胚根，其尖端有一个生长点。生长点细胞不断分裂，根即生长。

蚕豆属圆锥根系，由主根、侧根及其由此而发生的分枝根组成。主根粗大，入土很深，主根上不断分生侧根，在土壤表层水平伸张 50~80 cm 以后向下，可深达 80~120 cm，但大部分根系集中在土层 30 cm 以内范围内，根瘤则着生在近地面 20~25 cm 处的主根和侧根上。

根系既能吸收养分和水分，也起到支撑固定植株的作用，并且和根瘤共生固氮，即有固定游离氮的能力。

二、茎

蚕豆茎草质多汁、直立，也有蔓生或半蔓生的原始类型，一般分枝 4~6 个。茎表面光滑无毛，四棱、中空。品种间茎高度差异很大，一般为 30~180 cm 不等，早熟品种较矮，晚熟品种较高。幼茎淡绿色，有的品种上部呈浅紫色，成熟后变为黑褐色。茎从子叶的两腋长出，通常直立不倒伏，但有些品种在结实时易倒伏。横剖面上可见维管束大部集中在四棱角上，抗倒伏能力强。

三、叶

叶片是进行光合作用的主要器官，尤其是蚕豆生育后期，叶片的大小、功能及叶层配置与光能利用和产量有十分密切的关系。

蚕豆的叶分为子叶、单叶和复叶。子叶2片，下胚轴没有延伸性，发芽时有不出土的习性。

在正常条件下，夹在2片子叶之间的幼根、胚芽都是先出根再伸芽。发芽以后2片单叶首先生长，通常称为基叶。由于第一片基叶有4个深裂，形似鸡爪，俗称鸡脚叶；同样因第二片基叶有2个浅裂，状如鸭爪，常称为鸭脚叶。抽出2片基叶后，各片复叶陆续抽出。

蚕豆分枝上复叶的小叶数随生育的变化而变化。营养生长旺盛，小叶片数增多；转入生殖生长后又随生殖生长的旺盛，小叶片数逐步减少。叶片由托叶、叶枕、叶柄、叶轴和小叶组成。叶柄是连接叶片与茎的中间部分，它支持叶片，使它伸展于空中，便于接受阳光进行光合作用；托叶着生于叶柄两侧；叶片上有很多叶脉，主脉两边为"人"字状。叶脉有输导水分和无机盐的导管及输导有机物的筛管。叶脉又是叶的骨架，有机械支持作用。

蚕豆复叶由2~9片小叶组成，叶片互生，构成羽状复叶。小叶梭形、椭圆形或扇形，全缘，叶面绿色，叶背略带白色，叶片肥厚。有的复叶顶部小叶退化为卷须。茎基部的小叶数少，向上渐多。

托叶2片，很小，近于三角形，贴于茎和叶柄交界处两侧，背面有一紫色小斑点的腺体，为退化蜜腺。

四、花

蚕豆的花为短总状花序，着生于叶腋间的花枝上，一般从第五片至第十片叶子起开始发生，每簇2~9朵，但结荚的不多，一般1个花序只有1~2朵花能结荚。只有在气候、生育条件十分适宜时，才能发挥多花多荚的优势。

蚕豆的花为蝶形花，花朵由花萼、花冠、雄蕊、雌蕊组成。花萼钟形，上部5裂，下部合成环状。花冠不整齐，分别由旗瓣、翼瓣、龙骨瓣组成。旗瓣处于最上方，形体最大、最阔，盛开时向外翻转。翼瓣2片，附于龙骨瓣两旁，边缘白色，中央有黑色或紫色大斑，龙骨瓣2枚，位于翼瓣内面，白绿色，半圆形，呈掌合状。雄蕊10个，9个在基部联合成管状，将雌蕊包围，另一个分离独立生长，称为二体雄蕊。雌蕊1枚，隐藏在雄蕊里。花柱稍向上弯曲，子房长扁形，1室，内侧着生胚珠1枚至多枚。蚕豆开花次序由下而上，花开时从上午开到18:00左右，日落后大部分花朵闭合，每朵花开放持续时间1~2 d，全株开花期2~3周。但有的蚕豆因播种过早或冬前气候温暖而出现冬前开花，均为无效花。大多自花授粉，开花时有一股强烈香味，引诱昆虫采粉，如果天气情况良好，异交率可高达20%~32%，因此蚕豆为常异花授粉作物。

五、荚果

蚕豆的果实是荚果，由子房发育而成。每个荚果由一个子房组成，子房成熟时沿背缝线裂开。豆荚单独或成簇着生在节上，每株可结荚10~30个。荚果嫩时为绿白色，能进行光合作用。荚果扁平筒形，皮软而厚，荚长一般5~15 cm、宽2 cm或更宽，形如老蚕，因此得蚕豆之名。荚果成熟时，荚因酪氨酸的氧化作用而变黑色。豆荚沿背缝线处裂开而散落种子。荚果的腹缝线由心皮的边缘结合而成。每个豆荚内生有2~7粒种子，通常以2~4粒居多，有的可多达8粒或以上。种子占全荚重量的60%~70%，或更多。在大面积生产中，每荚粒数以2~3粒最为普遍。

六、种子

蚕豆种子形状一般呈扁平状，长圆形，略有凹凸。蚕豆种子由种皮、子叶和胚芽三部分组成。种子以种柄着生在荚缝上，脱离豆荚后残留的痕迹称为种脐，种脐的中央有脐痕，一端有小孔，称为珠孔，是种子发芽时胚根伸出的地方。

种皮内，子叶、胚芽、胚根和胚轴组成一个整体，即种子的胚。其中子叶占据了种子绝大部分，占种子干重的84%～88%，种皮占11%～14%，子叶之间的胚芽和胚根只占总干重的0.6%～1.3%。

种皮颜色因品种不同有很大差异，青皮的有'启豆1号''成胡10号'等；白皮的有'慈溪大白蚕''宁夏大蚕豆''青海3号''昆明白皮'等；红皮的有'大理红皮豆'；也有紫皮的（如青海'紫皮大粒'）、黑皮的（如四川'阿坝黑皮豆'）。

成熟后种子的种皮光滑。种子大小、百粒重因品种不同存在差异。根据传统的分类方法，分为大粒种、中粒种和小粒种。其中，大粒种长10 mm以上，宽7 mm，百粒重120 g以上，多为阔薄型。中粒型长8 mm左右，宽5 mm左右，百粒重70～120 g。小粒型长5～6 mm，宽3 mm，百粒重70 g以下。但是随着鲜食蚕豆的兴起，一些种子超大的品种不断涌现，如'慈蚕1号''大朋1号''通蚕鲜8号'等，其种子百粒重普遍达180 g以上，有的甚至达到220 g左右。笔者认为可以把种子百粒重在150～180 g的品种称为特大粒，百粒重超过180 g的称为超大粒。

蚕豆种子的表皮容易变褐，这种褐变在高温、高湿的情况下更快更明显。但即使种子颜色稍微变深，一般也不会影响种子的出苗率。在良好的贮藏条件下，种子保存2～3年，甚至15～20年，种子的发芽率也不会出现明显的降低。

第二节 蚕豆的生长发育

蚕豆从种子发芽开始，经过一系列生长发育过程，直到形成新的种子，构成蚕豆的全生育期。

蚕豆一生可分为营养生长和生殖生长 2 个阶段，包括出苗、分枝（幼苗生长期）、现蕾、花荚、成熟 5 个时期。

营养生长阶段主要是指根、茎、叶的生长，包含出苗、分枝 2 个时期。是植株体积或重量发生变化的量变过程；现蕾期是营养生长与生殖生长的并生期和过渡期；生殖生长阶段主要是花、荚、种子的形成和生长，包含开花、结荚、鼓粒和成熟等环节。

一、出苗期

从种子萌动发芽（胚珠突破种皮）到幼芽伸出地面（高约 2 cm），需 8~14 d，这一时期称为出苗期。

种子生活力是种子萌发发芽的内在因素，只有具有生活力的种子，才能在适宜的环境条件下萌发出苗。据研究，蚕豆种子萌发能力在很大程度上取决于种子发育状况。只有充分成熟、适时收获并完成后熟的种子才有良好的生活力。

蚕豆种子属于耐贮种子，但是在不良的贮存条件下，种子生活力也会迅速降低。降低其生活力的主要环境条件是温度、湿度和光照。夏明忠等的研究表明：不良的贮存方法对蚕豆种子生活力的影响极大，如在阳光直射、高温、多湿和空气湿润的环境中，蚕豆种子会产生褐变。贮存在通气湿润的环境中易发生蚕豆象危害；密闭高湿贮存，则会使种子完全丧失生活力。唯有避光、低温（冷冻贮存）和干燥密闭贮存才能使种子保持较高的生活力，确保其种子活力处于高位，即使在胁迫条件下的出苗率也可高达 90% 左右。

蚕豆种子萌动发芽的外界条件是氧气、水分和温度，在水分、温度适宜、通气良好的条件下，数天后种子就会萌发，长出幼苗。

二、分枝期（幼苗生长期）

从出苗到现蕾前，在南方秋播条件下，一般需历经 90 多天，这段时间出现第一次分枝高峰。

蚕豆种子萌发始于根系生长，在萌发 7 d 内根冠出现。接着胚芽露出。当主根从种子中伸出后 2～3 d，侧根发育。当植株进入 3 叶期，根部有红色根瘤出现，侧根虽比主根小，但和主根形成大同小异。在出苗前后侧根细胞分化最为迅速，在主根伸出 5 d 后是侧根生长的高峰期。

蚕豆的幼茎延伸后形成主茎，主茎下部虽都有腋芽，但不是每个腋芽都能萌发成枝。一般只有基部第一、第二节腋芽萌发成枝。

浙江慈溪一带，在适期播种条件下，分枝自 11 月上旬开始发生，由快渐慢，12 月下旬后进入越冬期，分枝速度明显减慢，但未停止，返春后分枝增加有限，3 月中旬分枝停止。分枝形成时期主要集中于越冬前，越冬期次之，冬后最少。

蚕豆叶片生长直接受环境因素影响，其中温度是重要因素之一。据报道，叶片扩展速度随温度升高而加快。除温度外，还有许多因素影响叶片分化和叶片扩展，如在植株上的位置、水分和矿质营养等。

三、现蕾期

现蕾期是蚕豆营养生长和生殖生长并进期。从现蕾至开花前，一般历时 35～40 d，温度高时间短，温度低时间长，这段时期出现第二次分枝高峰。

据叶茵等的（1991）研究，在正常情况下，蚕豆出苗至分枝 4 d 左右，出苗至蕾分化 24～28 d。浙江慈溪秋播蚕豆的现蕾期一般在 2 月中下旬，开花期 3 月中旬，故现蕾期一般历时 22～30 d。这一时期正是当地入春的时期，气温逐渐升高，降雨逐渐增多，茎开始拔节长高，营养生长旺盛，花蕾也逐渐发育长大，准备进入开花结荚期。

四、花荚期

此期间，开花长荚同时并进。据郎莉娟等研究，秋播蚕豆开花节位一般从第五至第六节开始，到第十五节位。植株中、下部近茎秆纵向（不同花序同部位）开花，平均每花相隔 1.7 d，横向（同一花序不同部位）开花，每花相隔 0.8 d。植株上部纵向开花相隔 2.5 d，横向相隔 1.3 d。一个分枝开花 30~40 朵，开花期 20 d 左右，一个花序开花 2~3 d。

整株开花所需日数，随品种、播种期及环境条件不同有很大的差异，短的需 15~20 d，长的达 40~50 d，甚至有高达 90 d 之久的品种。开花时段是大分散，小集中，阴雨天一般不开花，久雨初晴后大量开花。开花期怕高温，在日平均温度达 17 ℃时，即出现不孕花。由于蚕豆开花时期气温是逐日上升的，所以蚕豆虽是无限花序，但实际上有效花期并不长，成荚率较低。

蚕豆一般是先开的花容易结实，后开的花成荚率较低，靠近簇柄的第一朵花成荚率高，第二、第三朵及以后的花成荚率逐渐降低。因此，在这一时期，需要确保水肥充足、光照条件好，使叶片的同化、异化作用能正常进行，促进多开花、多成荚，减少落花落荚，这是蚕豆能否高产的一个关键环节。

五、成熟期

蚕豆开花受精结实后，籽粒即开始灌浆，初期的 30 d，灌浆速度比较缓慢，一般干物质含量也较低，以后叶片中的干物质不断输送到种子内，灌浆速度上升，干物质积累迅速增加，这时籽粒的含水量也很高。在鼓粒期间，种子中的粗脂肪、蛋白质及糖类含量也随着种子的增重而不断增加，在开花后 47~50 d，鲜重达到最大值，灌浆速度迅速下降，籽粒开始失水逐渐成熟。开花后 50~53 d，灌浆已基本停止，鲜重、干重都已相对稳定，体积已不再变化，种子的形状逐渐接近成熟时的状态，这一时期，植株约有一半的叶片已经脱落，剩下的叶片的叶绿素含量仅为 0.09%，光合能力极弱，合成的光合产物已很少了，说明植株已基本衰老，这时蚕豆即完全成熟。

鼓粒到成熟阶段是种子形成的重要时期，这个时期发育是否正常，是决定每株荚数、粒数以及籽粒的大小、饱满程度、种子化学成分的关键时期。保证种子正常发育的条件，除遗传因素如传粉作用、受精作用、种子大小、荚果发育、花粉粒数、花粉生活力等以外，还有生理生化方面的因素，以及栽培条件等因素，如肥水供应是否充足等。因此，在蚕豆进入成熟期后，应采取积极的综合措施，加强肥培管理，如遇干旱则应及时浇水，缺肥时辅以根外追肥，做好病虫害防治，保持通风透光良好，使植株不徒长、不早衰，做到后期不倒伏，才能促进籽粒正常发育，提高蚕豆的产量和品质。

第三节　蚕豆对环境条件的要求

蚕豆的生长发育对温度、水分、光照、土壤以及矿质元素等自然环境因素有一定的要求。在栽培过程中，一定要尽力满足其生长发育的需求，以获得较高的生物学产量和经济产量。

一、温度

蚕豆喜温暖而湿润的气候，不耐暑热，耐寒力比小麦、大麦、豌豆要差，但能忍受-4~0 ℃的低温。植株开始受害或部分死亡的临界温度是：出苗-6~-5 ℃，开花-3~-2 ℃，结荚期-4~-3 ℃，乳熟-3~-2 ℃；大多数植株死亡的临界温度是：出苗-6 ℃，开花-3 ℃，成熟（乳熟）-4~-3 ℃。因此，蚕豆适宜栽培的区域广泛。无论海洋性或大陆性气候的平原、丘陵、高山或高原地区均能生长。

蚕豆各个生育阶段的"三基点"温度（最低温度、最高温度和最适温度），以及光合、呼吸等生理作用的最适温度是各不相同的。秋播和春播的蚕豆各生育期的"三基点"温度也是不同的。秋播蚕豆发芽时的最低温度为 3~5 ℃，最高温度为 30~35 ℃，最适温度为 25 ℃。春播时，一般在 5~6 ℃即可播种，从播种到幼苗出土所需的天数因温度而异，当覆土深度为 6~8 cm，土温 8 ℃时发芽约需 17 d，10 ℃时需 14 d，32 ℃时需 7 d。蚕豆在营养器官形成期可忍耐-4~-3 ℃的低温，最适宜的温度为 14~16 ℃。生殖生长形成期需要的温度较高，当温度低于 5.5 ℃时，花荚则受到冻害，最低温度要求在 10 ℃以上，温度稳定在 15~22 ℃时有利开花、授粉和结荚。蚕豆不同生育阶段所需起点有效温度分别是：播种至出苗为 5.9 ℃，出苗至分枝为 7.9 ℃，分枝至开花为 6.1 ℃，开花至结荚为 5.5 ℃。所需有效积温：播种到出苗为 134.1 ℃·d，出苗到分枝为 29.38 ℃·d，分枝到开花为 242.9 ℃·d，开花到结荚为 100.4 ℃·d，其中以分枝到开花阶段需要的积温最高。

蚕豆喜温，对温度反应敏感。根据各地温度状态的不同，蚕豆在中国划分为秋播和春播两大生态区，秋播区的播种时间一般为 10—11 月，春播区的播种时间一般为 3—4 月。据李华英在研究蚕豆生态环境分析时发现，一般 1 月平均气温高于 0 ℃的地方多为蚕豆秋播区；如果 1 月平均气温低于 0 ℃，而 7 月平均气温低于 20 ℃的地方则多为蚕豆春播区。

二、光照

蚕豆属于长日照作物，即在长日照条件下植株会提前开花，但蚕豆对日照要求并非十分严格。尚未发现日照长度必须大于某一日照时数才能形成花芽，否则植株只能进行营养生长而不能开花的现象。夏明忠等试验，于播种后 1 周，开始对西南地区不同地方品种进行长日照（24 h）、自然日照和短日照（5 h）处理 120 d，结果表明：除来自四川阿坝州的春播蚕豆（红胡豆）在长日照下提前 15 d 开花外，其余品种（来自成都、重庆、昆明）只提前 5~8 d 开花；将日照缩短到 6 h，使蚕豆开花、结荚和成熟时间分别推迟

10~20 d、13~27 d 和 5~19 d。但是，不论何种日照长度，蚕豆均能开花结实，只是时间早迟而已。因此，蚕豆从花的分化到花的出现，并不要求严格的日照条件，但大多数类型对长日照有数量反应。除阿坝红胡豆外，短日照使各品种开花及结荚总数增加，其原因是短日照下生长期长，个体大，源和库的矛盾较小。相反，长日照因使营养生长期缩短而降低开花和结荚总数，这可能是长日照下营养生长不足引起的。

有试验表明：虽然春播和秋播蚕豆共同起源于中纬度高原，但后来在不同地理生态条件下次生演变成两大类型。春播和秋播蚕豆由于各自的生态环境产生了系统适应性，互换环境后均不利于生长发育。但相对来说，秋播蚕豆北移春播尚能开花结荚、成熟，而春播蚕豆南移秋播则不能结荚，或结荚极少。说明春蚕豆对光周期反应更敏感，对长日照要求更严格。基于这个原因，将秋播蚕豆引向春播区，会引起植株变矮、茎秆变细、籽粒少、产量低，经济性状明显不如春蚕豆品种。

蚕豆正常生长发育除了满足长日照的要求外，还需要一定的光照强度，良好的光照是蚕豆苗壮生长的必要条件。一般向光透风面的分枝健壮，开花多，结荚多。净作或与其他作物间作时，如种植密度过大而受到遮光，遮光越严重生长越不良。由于蚕豆的花荚在植株上下部都有分布，因此每个叶片都要求得到充足的光照才能正常地进行光合作用，制造有机物质，以充分保证各部位花荚的发育。蚕豆自身叶片造成的荫蔽，对生育也有严重影响。试验证明，光照对花荚的形成、对产量因素的构成、对蚕豆的碳氮代谢、对蚕豆矿物质的吸收、对蚕豆光合器官的变化、对蚕豆光合生产量都呈正相关。

在蚕豆的生长期中，光合生产率有 2 个高峰期：一是开花结荚期，二是鼓粒灌浆期。在栽培技术上，应根据蚕豆对日照反应的特点，安排适时播种、合理密植、科学管水、适时施肥、整枝打顶，使其有一个合理的群体结构，以改善通风透光，提高光能利用率，减少病虫害，对提高产量有明显的作用。

三、水分

蚕豆是需要水分较多的作物，土壤水分的多少对蚕豆的生长和产量影响很大。据研究，蚕豆每形成 1 g 干物质需水 800 g 以上，比玉米、高粱要多。整个生育期中，当土壤水分达到田间持水量的 70%～80%时，最适于蚕豆生长，如果配合其他条件，可获得较高产量。总之，土壤水分不可过少或过多，过少过多则均会影响蚕豆的产量和品质。

蚕豆需水与其他因素有关，特别是土壤温度。如土壤温度较低而水分过多时，土壤透气性较差；土壤温度过高而水分过少时又会发生干旱，均会使蚕豆生长发育受到严重影响，甚至死亡。蚕豆一生均要求湿润的条件，但不同生育时期对水分要求的多少有不同。种子发芽时要求有较多水分，因蚕豆种子必须吸收相当于种子自身重量 110%～120%的水分才能发芽。蚕豆幼苗期比较耐旱。自现蕾开始，植株生长加快，需水逐渐增多。开花期是蚕豆需水最多的时期，要有充足的水分满足开花结荚的需要，若此时水分不足，会增加花荚的脱落，降低产量；结荚开始到鼓粒期也要求较多水分，才能保证种子灌浆和正常成熟，此时若缺水会造成幼荚脱落，增多秕荚和秕粒。

四、土壤

蚕豆喜耕作层深厚，富于有机质，排水良好，保水保肥力强的黏质壤土。在瘠薄土壤中，主根发育受到阻碍，植株生长矮小，分枝减少，发育较差，产量低。蚕豆一般比较耐碱性，但不耐酸性。土壤酸碱度（pH 值）在 5.5～8.0 范围内都能生长，pH 值最好为 6.2～7.5，最高 8.3。根瘤菌在土壤结构好、疏松通气、酸碱度（pH 值）在 7.0～8.5 范围内最为适宜，过酸过碱或土壤板结都会受到抑制。当 pH 值在 5.5 以下时，蚕豆易受害。

在沙土或沙质壤土、冷沙土、漏沙土中种植蚕豆，因保水性差、肥力低、团粒结构差，使蚕豆生长发育不良，产量低。但在这些土壤上增施有机肥料，保持土壤湿润，仍能使蚕豆生长良好。这是因为土壤有机质和有机质肥料对提高含水量、活化养分，提高蚕豆氮、磷、钾和碳素营养水平有重要作用。

蚕豆不耐连作。因为蚕豆根瘤菌适宜中性或微碱性土中生长发育，在连作情况下，根瘤丛生处有机酸等酸性物质积累过多，会直接渗入植物体内引起中毒；同时会抑制根瘤菌的繁殖和其他根际生物的活动；并会引起某些营养元素缺乏，导致蚕豆植株矮小、花荚减少、病毒病严重、产量降低。

蚕豆最适宜和禾谷类作物轮作。轮作能使蚕豆通过根瘤菌的固氮作用，提高土壤肥力，改善土壤理化性质，并为后茬作物提供良好的土壤肥力。

氮、磷、钾是蚕豆生长发育必需的 3 种主要营养元素。据分析，每生产 50 kg 蚕豆籽粒，需要吸收氮 3.22 kg、五氧化二磷 1 kg、氧化钾 2.5 kg，这相当于硫酸铵 16.1 kg、过磷酸钙 8.4 kg、硫酸钾 5 kg。蚕豆对钙的要求也较多，每生产 50 kg 籽粒，需要 1.97 kg 氧化钙。但生产 500 kg 的籽实并不一定要吸收 10 倍的数量。在各个生育阶段蚕豆吸收各种营养元素的量，不论是总量还是比例，都是不相同的。从发芽到出苗所需养分由种子子叶供给，从出苗到始花期在全生育期中所需要养分总量的比重：氮为 20%、磷 10%、钾 37%、钙 25%；从始花到终花期需要的养分占全生育期需要量的比重：氮为 48%、磷 60%、钾 46%、钙 59%；自灌浆到成熟，需要量占全生育期需要量的比重：氮为 32%、磷 30%、钾 17%、钙 16%。此外，硼、钼、镁、锌、铁、铜等微量元素对蚕豆的生长发育都有重要作用，其中主要是硼和钼这 2 种元素。施硼能促进根瘤菌固氮，减少落花落荚，提高结荚率，硼还可促进钙对蚕豆的作用。钼是根瘤菌固氮过程中不可缺少的元素，对蚕豆根系和根瘤的发育均有良好的影响，用钼酸铵浸种、拌种和叶片喷洒均有增产作用。

第三章　蚕豆的育种

第一节　蚕豆的育种目标

一、秋播蚕豆的育种目标

秋播蚕豆种植面积大，但产量一直不稳，长江中下游地区主要限制因素是春季降水量多、结荚期光照不足、病害严重、冬季冻害或冷害等。针对这些情况，并综合考虑其他如农作制度等影响因素，秋播蚕豆育种目标如下。

（一）丰产性

秋播蚕豆高产品种应有合理的株型和良好的光合性能。合理的株型是高产品种的基础，其中矮秆是一个重要方面，一般要求食用、菜用、饲用、肥用的蚕豆株高在 90~100 cm，株型紧凑、茎秆粗壮、不易倒伏。食用品种有效分枝应有 3~4 个或以上。饲肥兼用型的品种则要求生物学产量高，生长旺盛，分枝越多越好，要达到 5~6 个或以上。秋播蚕豆品种还要求叶型小而狭长并上举，以利于通风透光。根系要求发达，根瘤要大而多、固氮能力强。

构成秋播蚕豆的丰产指标，主要有单株荚数、粒数与粒重。选择荚多、粒多的植株是高产育种的前提。一般食用与菜用品种要求每个有效分枝上的结荚数在 5 荚以上，单株粒数 30~60 粒。结荚集中，荚上举。百粒重高：食用型要求达到 100~120 g；鲜食型200 g 以上。通过良种良法栽培，秋播蚕豆产量总体要求能达到

3 500~5 000 kg/hm² 或以上。

（二）品质

随着我国农村产业结构的调整、人民生活水平的提高、蚕豆加工业的迅速发展，蚕豆产业发展已成为长江中下游地区的一个特色产业。品质已成为蚕豆育种不可缺少的目标。

1. 外观品质

商用品种外观要求美观，蚕豆荚色、种子皮色保持品种原有的固有色彩，且不易褐变。嫩荚有较好的光泽度。

2. 食用品质

（1）蛋白质含量要高。一些国家已育成干物质中蛋白质含量38%的品系，但产量降低。我国四川省育成的'成胡13'，干种子含蛋白质36.6%（去皮），百粒重70~80 g，产量2 154 kg/hm²。一般要求，在保证丰产性前提下，秋蚕豆优质蛋白质含量要求达到30%左右。

（2）单宁含量要低。籽粒中单宁越少越好，不但改善品质，还提高适口性。

（3）淀粉含量要高。国内有的品种已具有高淀粉值，如甘肃省1993年育成的'临蚕3号'品种，淀粉含量已达到48.92%。育种时应尽力提高蚕豆中淀粉含量。

（4）种子光泽度。要求保持种子表皮的色泽，不易褐变。

（5）有害物质的含量要低。蚕豆中含有2种核苷：蚕豆嘧啶葡糖苷（vicine）和伴蚕豆嘧啶核苷（covicine），它们在弱酸环境中被 β-糖苷酶分别水解为蚕豆嘧啶（divicine）和异乌拉米尔（isouramil）。这2个糖苷配基在体内能降低红细胞还原型谷胱甘肽（GSH）含量，使红细胞不能将氧化的谷胱甘肽（GSSH）还原，干扰6-磷酸葡萄糖脱氢酶（G₆PD），造成NADPH（还原型辅酶Ⅱ）缺乏，最终发生溶血。因此对这2种物质含量越低越好，尤其是对一些鲜食品种选育，更为人们所关切。

在食用品质上，不同地区、不同人群也会有不同的要求，如北非和西亚国家提出：要注意烹饪品质和引起中毒的葡萄糖苷问题；我国云南省提出：要把优质鲜食蚕豆的目标归纳为大粒大荚，单宁含量低、糖分含量高；昆明市农业技术推广站提出：在品质上要大荚、大粒，荚长要达到 90 mm 以上，干籽百粒重要达到 ≥120 g，鲜籽百粒重>200 g，可溶性糖 10% 以上，蛋白质 10% 以上（干籽蛋白质>25%），无单宁或单宁含量极低，抗病虫或耐病。李爱萍等提出，菜用蚕豆要求粒大质优、口感好，籽粒越大则商品价值越高，内销品种要求种子百粒重>100 g，出口品种要求种子百粒重>180 g。吴春芳把鲜食蚕豆的育种目标概括为：鲜豆荚产量>15 000 kg/hm²，单荚鲜重>15 g，鲜荚长宽为 10.0 cm×2.4 cm，鲜籽粒长宽为 2.7 cm×1.9 cm，鲜籽百粒重>450 g，干籽百粒重>175 g，鲜籽可溶性糖含量和蛋白质含量均>10%，异色籽粒<5%，无单宁或单宁含量低。

3. 加工品质

目前，蚕豆最常见的加工方式有炸炒膨化类、酿造类、淀粉类及鲜籽粒加工类，如罐头、速冻豆米等制品，其中，加工量最大的是粉丝和速冻蚕豆。加工用的蚕豆要求发育完全、籽粒饱满、色泽白净或近米色或黄或青黄、无病虫害（特别是豆象）、无黑斑豆、无破皮豆、无不完整的豆，保持原有品种特色。在品种选育上应考虑能达到这些要求。

（三）抗病虫、抗逆性强

1. 抗病性

蚕豆的主要病害有锈病、褐斑病、赤斑病、青枯病、根腐病、病毒病、煤霉病、枯萎病、炭疽病等，尤其以前 3 种最为严重。在规模种植基地中，随着连作年份的增多，危害日趋严重，兼抗 2 种或 2 种以上病害应作为重要的育种目标。

2. 抗虫性

蚕豆的主要虫害有蚕豆象、豆蚜，所造成的损失十分严重，其中豆蚜是造成病毒病传播的主要媒介，一般会造成减产 5%~

10%，较严重时可减产 40% ~ 50%；蚕豆象则可使产量损失 30% ~ 100%，如在非洲，蚕豆象吞食 25% 的产量是很常见的。蚕豆生长的季节，或高温、或多湿，利于害虫繁殖，虫害严重。特别是鲜食蚕豆，对虫害更为敏感。因此育种中，应重视品种抗虫性的选育。

3. 抗逆性

抗逆性包括耐盐、耐碱，抗倒伏等。育种时应注意选育抗逆性强的品种。

（四）生育期

由于各地农作制度不同，对生育期长短的要求有所不同。秋播蚕豆多分布在一年二熟、一年三熟或二年五熟的多熟制地区。这些地区要求中、早熟类型品种，有利于增加复种指数，提高土地利用率。各个生育阶段的长短，应根据当地的气候条件以及主要自然灾害发生的时期等来考虑。

二、春播蚕豆的育种目标

春播蚕豆种植区的温、光条件有利于蚕豆籽粒的发育，比较高产、稳产。但也存在一些制约因素，如春播蚕豆株型高大、松散，容易导致产量降低、品质变差。

（一）丰产性

在株型上，要选育株型紧凑、植株稍矮、结荚良好、抗逆性强、适应范围广的高产、稳产、优质的新品种，一般要求株高 90 ~ 120 cm，节间长 4 ~ 6 cm，茎粗 1 cm 左右，有效分枝 1 ~ 2 个；叶片上举、白花、根系发达，粉红色根瘤大而多，固氮能力强的品种。经济性状上要求每一个花序的小花数少，结荚率高，单株结荚数在 15 ~ 20 荚，结荚高度在 25 cm 以下，结荚集中，荚上举；平均荚粒数 2 粒左右，百粒重 150 g 以上，产量达到 3 750 ~ 6 000 kg/hm^2。

（二）高品质

1. 外观品质、内在品质和加工品质

同秋播蚕豆。

2. 抗病虫、抗逆性强

抗病、抗虫要求同秋播蚕豆。在抗逆性上要求品种有广泛的适应性、不裂荚、抗芽烂、抗旱性好。

三、特种品种的育种目标

1. 鲜食型品种

要求株高 100 cm，株型紧凑，茎粗 1 cm 以上，有效分枝 3 个，株荚数 15 荚，每荚粒数 2 粒左右，籽粒百粒重 200 g 左右，蛋白质含量达到 28%以上，中抗赤斑病。

2. 饲肥兼用型品种

饲肥兼用型的品种要求生物学产量高，可作为饲用和绿肥用，有利于发展畜牧业和改良土壤。品种要求：株高 90～100 cm，株型紧凑，茎粗 0.8 cm，单株有效分枝 5 个或以上。单株结荚数 40 荚，每荚粒数 2 粒，籽粒百粒重 65～70 g，中抗赤斑病。

第二节　育种方法

蚕豆是常异花授粉作物，不同于水稻、小麦、大麦等自交作物。蚕豆的异交率高，一般高达 30%～40%，具有较大的变异性，所以在育种中需要严格隔离保纯，特别要防止昆虫授粉。同时蚕豆落花落荚严重，人工授粉成功率低，加上蚕豆籽粒大，繁殖系数低，要使杂交分离世代得到足够的群体，每个组合至少要杂交 50～100 朵花，工作量很大。

蚕豆常用的育种方法主要如下。

一、引种、鉴定

所谓引种，其概念有广义和狭义之分。广义的引种是指有目的地从外地区（不同的农业区）或外国引进新植物、新作物、新品种以及各种遗传资源材料。狭义的引种是指人们从当前的生产需要出发，从外地区或外国引进作物新品种（系），通过适应性试验，直接在本地区或国内推广种植。这是解决当地生产者、消费者对品种需求的一种快速而简单、有效的方法。

我国的引种、鉴定多采用纯合品系法，它是国际干旱地区农业研究所（ICARDA）种质资源研究机构整理品种资源采用的方法。纯合品系法又叫纯系育种。它的原理是控制授粉蜜蜂和其他授粉媒介，使蚕豆杂合体多代连续自交，逐渐纯合，然后对该蚕豆纯系进行性状鉴定。地方品种的比较筛选、外地或国外品种的引种筛选大多采用这个方法。

截至21世纪初，我国已搜集、整理、鉴定保存的地方品种资源和自国外引入的蚕豆资源已达数千份，并已按全国统一的标准进行了农艺和产量性状的鉴定。农业农村部在近几年开展了多轮地方品种征集，蚕豆的种质资源进一步丰富，为下一步种质资源的挖掘和利用创造了条件。

地方品种的共性是适应性广、抗逆性强、比较稳产。地方品种共同的缺点是混杂严重，只有经过搜集、整理、筛选、评价、鉴定，才能发掘出较好的良种，供生产上应用。通过比较、筛选，现已选出了一大批适用品种，如浙江的'慈溪大白蚕''上虞田鸡青''平阳青''上皂早'和'奉化小青豆'等都是优良的蚕豆地方品种，它们不仅是当地生产上的当家品种，而且曾经是我国重要的出口商品。

但国外品种引进，筛选试种效果就不一定好，在20世纪60—70年代我国引进的国外品种就达2 000余个，绝大多数不能直接用于生产。但也有从日本引进的'陵西一寸'得到了大面积的推广。

案例一：提纯复壮'慈溪大白蚕'

'慈溪大白蚕'是慈溪地方蚕豆良种，豆粒较大，百粒重达120 g以上。豆粒皮色青白，品质优良，是浙江五大名豆之一。2010年被列入《浙江省首批农作物种质资源保护名录》。但近年来，由于品种的混杂与退化，'慈溪大白蚕'的品质、产量明显下降，加上大粒鲜食型蚕豆品种的引进和推广，导致'慈溪大白蚕'种植面积也越来越少，为保护这一优良的地方品种资源，同时优化品种结构，慈溪市农业技术推广中心自行立项，开展了'慈溪大白蚕'提纯复壮和新品种选育工作：①第一年（2015年）设立蚕豆原始材料圃，以征集到的104份蚕豆种质材料进行扩繁。②第二年（2016年）继续扩繁和筛选，在2016、2017年春季收获的种子中，按照种子大小、皮色、脐色和形状等外观性状，选出2个株系，并从中挑选种子，于2017年10月秋播。翌年春季在田间选择单株12株，花期隔离，单收考种。③2018年秋，把12个单株材料播成株行，花期采用防虫网隔离，于苗期、花期、绿熟期、干豆成熟期等阶段，多次根据慈溪大白蚕品种特征进行选择。④2019年春季收获时，对株系进行比较，淘汰品种特征明显不符、产量低的株系，保留了本2、本3、本4、本5、本9共5个株系，在株系中选择单株单收考种。收获的单株于2019年10月秋混播，花期用防虫网隔离。收获时，选单株单收，其余混收。经考种后，淘汰本9和本4 2个株系，保留本2、本3、本5共3个株系。⑤2020年、2021年，把春季获得的本2、本3和本5材料，秋播，花期用防虫网隔离。整个生育过程中观察各株系的植物学特征，并考种、测产（表3-1、表3-2、表3-3）。决选'本2'为'慈溪大白蚕'提纯复壮株系。

表3-1 本2、本3、本5三株系形态特征比较

株系	株高（cm）	嫩茎颜色	叶片	花色	荚壳
本2	140.2	上部紫红	狭长，背面叶脉不明显	紫花，黑斑	鼓，壳厚而硬

（续表）

株系	株高（cm）	嫩茎颜色	叶片	花色	荚壳
本3	143.0	上部紫红	狭长，稍宽，中部叶片背面叶脉明显，并呈紫色	紫花，黑斑	平，薄而稍软
本5	143.5	上部淡紫	稍宽，背面叶脉不明显	淡紫花，黑斑	鼓，厚而硬
文献记载	130.8	上部紫红	鸭蛋形	紫花，黑斑	/

表3-2　本2、本3、本5荚果、豆粒性状比较

株系	粒长（mm）	粒宽（mm）	籽粒颜色	不同胚株的荚数（个）		
				3胚珠	2胚珠	1胚珠
本2	20.5	15.3	青白	2.9	33.3	39.1
本3	21.6	15.8	青白	10.0	29.8	28.5
本5	20.9	15.8	青白	8.8	32.1	32.7
文献记载	20.1	14.8	青白	3粒荚少，以2粒荚为主		

表3-3　'大白蚕'与'本2'营养成分含量比较

株系	鲜豆			干豆		
	淀粉（g/100 g）	蛋白质（g/100 g）	单宁（mg/kg）	淀粉（g/100 g）	蛋白质（g/100 g）	单宁（mg/kg）
本2	19.3	13.6	226	40.6	31.9	376
记载	/	/	/	41.4	29.5	/

2022年在省级区试站建立'慈溪大白蚕'品种鉴定圃（2亩）、原原种繁育圃（1亩）。对已筛选出来的株系进行繁育，重点进行'慈溪大白蚕'的去杂提纯；同时在坎墩街道、桥头镇、龙山镇等地进行'慈溪大白蚕'的试种示范，得到了当地农民的

一致好评。通过提纯复壮'慈溪大白蚕',恢复了其品种特性,还在慈溪市内得到了进一步推广。

二、系统育种

系统育种即个体或单株选择法。它是利用蚕豆天然异交率高、容易发生自然杂交产生变异的特点,从变异株中选出优良单株,在隔离条件下种植,自交产生种子,再经一系列的选择、比较试验而育成新品种。这种方法在育种初期有着重要的现实意义。据不完全统计,全国有16个省(区、市)自20世纪60年代以来,采用系统育种法已选育出蚕豆新品种,如浙江省农业科学院从本省地方品种平湖皂荚种中选育出'利丰'蚕豆,表现丰产、优质、抗病,曾经在浙江、江西、湖南、湖北等省推广应用;四川省农业科学院先后选育出'成胡3号''成胡4号''成胡6号''成胡9号'等4个抗病、丰产性好的新品种;江苏省启东县农业科学研究所、甘肃省临夏州农业科学研究所等都有不少成就,浙江慈溪市种子公司育成的'慈蚕1号',慈溪市农业技术推广中心选育的'慈科蚕2号'都是采用系统育种育成的。系统选育是蚕豆育种上的一个多、快、好、省的育种方法。

蚕豆系统育种之所以有良好的效果,主要归因于以下2个因素。

1. 蚕豆天然异交率高

蚕豆异交率的高低,因品种间种植距离和传粉媒介的多少而有差异。国内一般认为蚕豆天然异交率在30%左右。据浙江省测试,蚕豆品种的异交率范围一般在0.7%~16.3%;江苏省测试在23.3%~28.6%,因此,蚕豆很容易产生自然变异,这为系统育种提供了重要的物质基础,根据育种目标选择有用的变异株,并进行定向选育、对比试验,就能较快地选育出新品种。

2. 自然突变

基因突变在生物界中普遍存在,无论是低等生物,还是高等动植物以及人类都可能发生基因突变。基因突变在自然界中广泛存在，例如，棉花的短果枝、水稻的矮秆，都是突变性状。蚕豆与其他动植物一样，在自然条件下，由于各种内外因素的影响，染色体或染色体上个别基因位点发生变化，容易导致外部性状出现变异。因此，自然突变也是蚕豆系统育种的基础。

系统育种目前在我国仍是一种常用的、行之有效的育种方法，我国运用系统育种法选育了一批种植面积较大的品种，如'慈蚕1号''胜利蚕豆'和成胡1~9号等。

应用系统育种，从大田选株开始到新品种育成，一般要六七年时间，其程序如下：

第一年（大田选株）→第二年（株行试验）→第三四年（株系比较试验，同时进行生产试验）→第五年至第六年（区域试验），通过生产试验与区域试验，经品种审定合格→第七年（进入大田推广）。

案例一：'慈科蚕2号'的育成

'慈科蚕2号'是慈溪市农技推广中心在提纯复壮'慈溪大白蚕'过程中，利用自然突变所产生的变异株选育而成的。选育过程如下：

慈溪在提纯复壮'慈溪大白蚕'的第三年，即2017年春，在田间发现变异株，立即挂牌单收，进行定向选育。具体措施是：①发现变异株14株，命名'D本未1''D本未2'……'D本未14'，单株单收后于当年（2017年）秋播成株行，田间单株隔离，每个株系选择20个单株，分别编号1~20。对各株系的20个单株进行考种后，淘汰13个株系，只有"D本未2"株系入选。在"D本未2"的20个单株中，考种后淘汰6株。②第二年（2018年）将上年入选的14个单株秋播成株行，通过田间考察和考种，保留'D本未2-2''D本未2-3''D本未2-5'等3个株系，并分别从中选择单株5株、5株、3株，其余株系淘汰。③第三年（2019年）秋播成系统，经田间性状考察和考种，保留'D本未2-3'系统，并从中选择单株20株用于繁育，其余植株剔除病株、弱株后混收，作为试验材料，参加区试。④第四年、第五年（2020、2021年），经全省多点区域试验，表明'慈科蚕2号'在产量、品质上优于对照慈溪大白蚕。

三、杂交育种

杂交育种（Hybridization）指不同种群、不同基因型个体间进行杂交，并在其杂种后代中通过选择而育成纯合品种的方法。杂交可以使双亲的基因重新组合，形成各种不同的类型，为选择提供丰富的材料；基因重组可以将双亲控制不同性状的优良基因融为一体，或将双亲中控制同一性状的不同微效基因积累起来，产生在该性状上超过亲本的类型。正确选择亲本并予以合理组配是杂交育种成败的关键。

蚕豆杂交方式在1980年以前多采用单交，现多采用多亲本复合杂交，后代选择主要为系谱法和混合法，一般 $F_6 \sim F_8$ 代稳定。我国各地对蚕豆采用有性杂交的方法，先后已选育出许多各具特色的优良品种，如甘肃的主栽品种"临夏大蚕豆"，云南省推广运用的骨干品种'凤豆1号'及获四川省科学技术进步奖的'成胡10号'和成胡11、12、13、14号等，以及近年来崭露头角的江苏的'通蚕鲜8号'等新品种。

人工杂交成功率取决于杂交种技术水平，根据育种目标要求，一般应按照下列原则进行杂交育种。

（一）亲本选配

（1）亲本应有较多优点和较少缺点，亲本间优缺点力求达到互补。

（2）亲本中至少有一个是适应当地条件的优良品种，在条件严酷的地区，亲本最好都是适应环境的品种。

（3）亲本之一的目标性状应有足够的遗传强度，并无难以克服的不良性状。

（4）亲本的一般配合力较好，主要表现在加性效应的配合力高。

（5）根据数量性状遗传距离来选配亲本，数量性状遗传距离大的亲本配交后代容易产生好的变异类型。

杂交的原理是基因重组。不同类型的亲本进行杂交可以获得性状的重新组合，杂交后代中可能出现兼具双亲优良性状的组合，甚至出现超过亲代的优良性状，还可能产生某些双亲所没有的新性状，使后代获得较大的遗传改良。当然也可能出现双亲的劣势性状组合，或双亲所没有的劣势性状。蚕豆杂交育种过程就是要在杂交后代众多类型中选留符合育种目标的个体进一步培育，直至获得优良性状稳定的新品种。

在杂交育种中应用最为普遍的是品种间杂交（2个或多个品种间的杂交），其次是远缘杂交（种间以上的杂交）。

杂种优势是指2个遗传组成不同的亲本杂交产生的杂种第一代，在生长势、生活力、繁殖力、抗逆性、产量和品质上比其双亲优越的现象。杂种优势是许多性状综合表现突出，杂种优势的大小，往往取决于双亲性状间的相对差异和相互补充。一般而言，亲缘关系、生态类型和生理特性上差异越大的，双亲间相对性状的优缺点能彼此互补的，其杂种优势越强，双亲的纯合程度越高，越能获得整齐一致的杂种优势。

杂种优势往往表现出有经济意义的性状，因而通常将产生和利用杂种优势的杂交称为经济杂交。经济杂交只利用杂种子一代，因为杂种优势在子一代最明显，从子二代开始逐渐衰退，如果再让子二代自交或继续让其各代自由交配，结果将是杂合性逐渐降低，杂种优势趋向衰退甚至消亡。目前，蚕豆仍无法大量低成本地生产杂交一代种子，所以目前尚无杂种一代种子应用在生产上的实例，只能通过对杂交后代的多轮选育，获得稳定、高产、优质的品系，才能用于蚕豆的商品生产。

（二）杂交方式

影响杂交育种成效的另一个重要因素是杂交方式，就是在一个杂交组合里要用几个亲本以及亲本杂交的先后次序。杂交方式根据育种目标和亲本的特点确定，一般有以下几种。

1. 单交

是指 2 个亲本一为母本、一为父本成对杂交，用甲×乙表示。单交只进行 1 次杂交，简单易行，需时不多，后代群体的规模也相对较小。单交可产生兼具双亲优良性状以及个别性状超亲的后代。

2. 复交

是指选用 2 个以上的亲本进行杂交。复交通常又分三交、双交和四交。三交是指（甲×乙）×丙；双交是指（甲×乙）×（丙×丁）；四交是指〔（甲×乙）×丙〕×丁。此外，还有亲本数目更多的复交。

3. 回交

指 2 个品种杂交后，子一代再和双亲之一重复杂交。从回交后代中选择单株再与该亲本回交，如此进行若干次，直至达到预期目标为止。回交法多用于改良某一推广品种的个别缺点或转育某个性状时采用。蚕豆育种采用回交方式获得成功率比单交方式高。

（三）杂交技术

1. 培育健壮植株

适时稀播，整枝。如将播种密度减少 50%，可使蚕豆植株有充足的光照和营养条件，有利于提高杂交成功率。

2. 正确选择杂交花序节位

高迪明研究表明：杂交成功率与花序节位有密切关系，1~6 节位杂交成功率最高。同时，鉴于一般蚕豆品种特别是秋播蚕豆，每个分枝的结荚数很少超过 5~6 荚，所以每个分枝上杂交的花朵不宜过多，杂交后可把已开或未开的花朵摘去，使养分集中供应，减少杂交花朵的脱落。

3. 正确去雄授粉

秋播蚕豆花从开放到凋谢经 5~6 d，春播蚕豆 3~4 d，而花药则在开花前 2~3 d 破裂散粉，所以去雄时间应适当提早。

据浙江杭州地区观察，蚕豆花朵是由下而上开放的。同一花序每朵花开放时间间隔约 20 h，上下花序的同花位花朵的开放时间间隔约 40 h。以这样的标准计算，当基部第一花序上第一朵花开放时，第三花序的第一朵花就要进行去雄。对于授粉的时间，ICARDA 科学家进行了有关研究。他们发现，在一天中，每天 11:00—14:00 杂交的成功率最高，达 23.8%；8:00—11:00 的成功率次之，为 13.1%；14:00—17:00 的成功率最低，仅 10.0%。从不同部位的花朵看，基部花朵的杂交成功率明显高于中、上部花朵。在杂交技术方面，ICARDA 科学家主张：蚕豆杂交去雄授粉，以手工操作为佳，手工操作有利于提高杂交成功率。同时，手工操作时要注意操作方法。去雄时，应当用左手拇指与中指握住母本花蕾，右手用镊子将旗瓣和翼瓣拨开，沿龙骨瓣划破，取出全部花药，或轻轻地将花冠拔掉，再去掉雄蕊。根据顾文祥、冯福锦用镊子夹去花冠的一次性去雄法，以及张继君、杜成章等根据前者的方法进行的改进，目前蚕豆去雄的方法基本是采用镊子夹花去雄，即选定适宜的杂交花后，用镊子夹住背线下方 2~3 mm 处，然后将花瓣轻轻夹住并全部拔出，即可完成去雄。授粉时间，以去雄后翌日 11:00—14:00 为好。也可去雄后立即授粉。授粉是将父本的新鲜花粉用毛笔或镊子涂在已去雄的母本花的柱头上。

　　杂交花朵去雄和授粉后都应进行保纯，套上大小适宜的透明纸袋，挂上注明父、母本及杂交日期的塑料牌。成熟后及时收获。

（四）杂交后代的选育

　　杂交育种的主要目标是为了筛选和培养新的品种，而选择亲本并进行杂交仅仅是其中的一部分。大量的工作是杂交后代的选择、培养、评估和鉴定。目前，应用较广的方法主要有系谱法和混合法 2 种。

1. 系谱法

　　系谱法是自杂种分离世代开始，连续进行个体选择并予以编号记载，直至选获性状表现一致且符合要求的单株后裔（系），按系统混合收获，进而育成品种。这种方法要求对历代材料所属杂交组合、单株、系统、系统群等均有按亲缘关系的编号和性状记录，使各代育种材料都有家谱可查，故称系谱法。

系谱法操作顺序是：

第一代（F_1）：以组合为单位进行点播，两侧播种亲本，以区别真假杂种。这一代通常不进行分离，也不需要进行选择。成熟后，按组合进行收获并保存。但对于复式杂交组合或综合杂交种，从第一代开始就要选出单株。

第二代（F_2）：按组合进行点播并稀植，每个组合播种一个小区，同一组合前播父、母本各一行。这一代是大量分离的世代，也是选择最重要的一代。在选择过程中需要严格把控，从苗期开始到成熟都要进行仔细观察，按照育种目标选出最优良的组合和单株，然后分别收获，为下一年的株行试验做准备。

第三代（F_3）：将上年选得的单株按组合种成株行。每组合前播父母本及对照品种各一行。在这一代中，要在表现稳定一致的株行中，选择优良单株。对基本稳定一致的优良株行进行初步测产，下年参加产量鉴定试验。

第四代（F_4）及其以后各代的种植、观察、选择等均同第三代，但不再播种父母本。

通过多次选择，大量淘汰，把认为比较满意的新品系进行品种区域试验和生产示范试验，进一步了解其适应的地区和栽培特点。如果新品种比当地当家品种增产稳产，就可确定其应用和推广价值。

2. 混合法

典型的混合法是从杂种分离世代 F_2 开始，各代都按组合取样混合种植，不予选择，直至一定世代即纯合个体数量达到80%左右的第五代（F_5），才开始挑选那些优秀的单株。然后，将这些挑选出来的单株组合成株系，进行进一步的试验和选拔。进而选拔出优良系统育成品种。因此，为了实现这一目标，混合法需要保持较大的群体规模，并且每个世代的代表性应该尽可能广泛。这意味着应该在每个世代中尽可能包括各种类型植株的大多数。虽然这种方法比较省力，但是育种所需的时间会比较长。与系谱法相比，混合法无法在早代就进行定向选择，因此无法尽早集中精力在少数优良株系进行试验和繁殖。总的来说，虽然混合法在育种过程中比较省力，但由于育种年限较长，一般育种者仍以采用系谱法为主。

（五）杂交育种试验园圃设置

杂交育种进程由几个不同的试验园圃组成。

1. 原始材料圃和亲本圃

（1）原始材料圃：用于种植国内外原始材料的田块。

（2）亲本圃：从原始材料圃中筛选出有利用价值的材料进行种植。亲本圃的行距应适当加大，一般为 60~100 cm，为了防止生物学混杂，最好在网室内或现蕾期套上纸袋。

慈溪农业技术推广中心为蚕豆育种专门在慈溪市省级区试站内设置了原始材料圃（面积 1 亩）和亲本圃（面积 2 亩）。

2. 选种圃

选种圃是用于种植杂种后代的地块。它的任务是在杂种分离世代中连续选拔优良组合和优良单株，直到选出优良一致的系统材料升级到鉴定圃。对杂种后代进行精细地培育和选择，是一项既复杂又细致的工作，而选择效果主要取决于杂交组合配合力的高低和育种者的选择能力。慈溪农业技术推广中心为蚕豆育种专门设置了选种圃（面积 4 亩）。

3. 鉴定圃

用于种植选种圃升级的材料。它的任务是对这些材料进行产量比较，鉴定其一致性，并对各性状进行进一步观察比较，选出优良的材料升级到品比试验圃。由于材料数量多而每个材料的种子数量少，小区面积一般设为 5 m² 左右，设 3 次重复，以当地主栽品种为对照，每 9 份材料设一对照。小区多采用顺序排列，试验条件应接近大田生产条件。慈溪农业技术推广中心为蚕豆育种专门设置了鉴定圃（面积 4 亩）。

4. 品种比较试验

品种比较试验简称"品比试验"，是将选出的品系或引入品种，与对照品种在相对一致的条件下进行比较的试验。蚕豆的试验小区面积一般为 13.3~20.0 m²。品比试验的任务是在较大面积的小区上进行更精确的产量比较试验，并对品种的生育期、抗性、丰产性等进行更详细的观察记载和分析研究。最后评选出符合要求的优良品种参加区域试验。品种比较试验宜采用随机区组法，重复次数 3 次以上。试验地的耕作、播种、管理等作业应尽量接近大田生产条件以提高试验代表性。由于每年的气候条件不同，一般应当参加 2 年以上试验才能得出比较可靠的结论。

5. 品种区域试验（简称区试）

品种区域试验是品种审定和推广的主要依据。农作物品种区试是将各育种人新选育和新引进的品种，有目的地送到有代表性的区域进行试验，测定其利用价值，并确定其适应范围和栽培要点，为品种布局区域化提供依据，进而充分发挥新品种增产、增收作用。慈溪市农技推广中心选育的'慈科蚕 2 号'是在 2020 年春季收获稳定一致的株系后，于当年秋季，组织了全省的多点区试，共设 3 个点。按照区试要求，用慈溪大白蚕作对照，考查新品系的生育期、生长发育特性、产品性状、产量和口味等。另外，根据非主要农作物新品种登记管理办法的要求，委托浙江省农业科学院植物保护与微生物研究所和国家农产品质量检测中心杭州分中心，分别开展抗病性测试、品质测试等。

（六） 良种繁育

蚕豆育种的难题在于杂交后代的分离难以稳定。由于昆虫（主要是蜜蜂）传粉导致蚕豆异交率高，因此杂交后代的性状会难以保持稳定。而且，在试验过程中，已经选择出来的一些有希望的品系也可能会因为异花授粉而导入某些不良基因。为了解决这一问题，加快杂交后代的稳定，应尽量降低异交率。各国科学家为了加速杂交后代的稳定及促进育种进程，已研究出多种隔离方法。以下是最常见的几种。

1. 空间隔离

通常用于小区间的隔离。据研究，当小区间距离为 100 m 时，异交率可以从通常的 30% 左右降至 1% 以下。因此，许多学者建议在同时进行几个蚕豆品系繁种时，小区间平均距离应以 100 m 为宜。

2. 套袋隔离

主要用于单株隔离。在蚕豆始花前，将整株用网纱袋套住，以阻止蜜蜂等昆虫进入传粉。网袋的颜色以浅色为宜，颜色太深会影响植株正常接受光照。

3. 网室隔离

可用于单株间、株行间、小区间的隔离。国际干旱地区农业研究中心主要采用此法。网室长 24 m、宽 16 m、高 2 m，支架为钢管，固定在田里。用于覆盖的尼龙纱或塑料纱则不固定，可随时拆除或覆盖。一般于蚕豆始花前覆盖网纱，收获之前拆除，便于播种、苗期管理和收获。

4. 设置"陷阱"作物

可用于株行和小区间隔离。其原理是利用油菜等花朵艳丽且芳香的作物，种植在蚕豆株行或小区之间，包围着小区，通过调节油菜播种期而使花期与蚕豆的花期相遇，这样，蜜蜂等昆虫多被诱惑到油菜花朵上停留采花粉，很少在蚕豆株行间或小区间飞行传粉，油菜起着"陷阱"的作用。ICARDA 的具体做法是在蚕豆播种前 2~3 周播种油菜可使花期相遇。油菜种植区幅宽 2 m，油菜与蚕豆小区间留空间 0.5 m，防止油菜倒伏而影响蚕豆生长。

5. 屏障作物隔离

可用于株行间和小区间隔离。其原理是将生长高大茂密的作物种植于蚕豆株行和小区之间，形成天然屏障防止蜜蜂传粉。ICARDA 曾在 9 m×12 m 的蚕豆小区间种植 6 m 宽的小黑麦，蚕豆和小黑麦同时播种，结果也能使蚕豆异交率降低到 9%。此结果可满足一般试验者的要求。

慈溪市农业技术推广中心在培育蚕豆新品种过程中也曾进行了杂交育种，具体做法是：对杂交母本一次性去除翼瓣和龙骨瓣，去雄杂交。2020年春，选择早熟材料为母本，以大粒材料为父本进行杂交，由于杂交技术不过关，获得了少量杂交 F_1 代种子。F_1 代杂交种子在当年秋播后，表现为长势旺盛，结荚多，产量高，体现出了 F_1 代种子的优势，但并不早熟。种子收获后，对杂交一代根据产量、豆粒大小等要素进行选择，淘汰个别表现不佳的组合。入选组合 2022 年进行秋播后，表现为严重的分离，单收 103 株，经考种，决选大粒早熟的单株 4 个，进入 2022 年秋播成株行。2023年春季根据生育期（主要是开花期）分为早熟类和大粒类两类进行考种，共收获 43 个单株。其中 11 个单株送南方加代，17 个单株于 2023 年秋播。

四、轮回选择育种法

蚕豆既可以自花授粉结实也可以异花授粉结实，因此，蚕豆育种可以采用自花授粉作物的育种方法或者一般异花授粉作物的育种方法。然而，这 2 种方法常常都不够理想。经过多年的实践，上海农学院发现蚕豆最适宜采用一次或多次轮回选择育种法。这种方法是通过利用 2 个或多个优良品种进行自交，产生后代并发生性状分离，然后从中筛选并淘汰不良性状。接下来，通过自由授粉，利用自然的高异交率，以丰富和积聚有利基因，并提高群体的适应性。在群体中，根据育种目标定期选优良单株进行自交，在隔离条件下进行株系鉴定。经过筛选，将性状相近的优良株系混合在一起，组成新的群体，并促进其充分自由授粉，以丰富群体中的优良基因。通过 8 年的轮回选择，上海农学院终于成功选育出具有抗逆性强、优质、成熟期早、结实率高的新型蚕豆品种"轮选 1 号"。

五、组织培养法

蚕豆是研究植物细胞工程的良好材料。国内外许多学者在蚕豆组织培养方面做了不少的研究。蚕豆组织培养将成为蚕豆快速育种的重要手段之一。目前我国常采用的培养材料主要是蚕豆外植体，以及人工授粉后 15 d 的蚕豆幼胚珠和蚕豆未成熟子叶原生质体。

六、诱变育种法

诱变育种是在人为条件下，利用物理因素（如 X 射线、γ 射线、紫外线、中子、激光、电离辐射等）或化学因素（如亚硝酸、碱基类似物、硫酸二乙酯、秋水仙素等各种化学药剂）或空间诱变（如利用宇宙强辐射、微重力等条件）来处理生物，诱使它们产生突变，然后从变异群体中选择符合人们某种要求的个体，进而培育成新的品种或种质的育种方法。它的作用原理是基因突变，是继选择育种和杂交育种之后发展起来的一项现代育种技术。近年来，随着豆类作物的开发利用越来越受到人们的重视，蚕豆的诱变育种技术也在许多研究单位进行了探索。目前，大多数研究都处于使用 X 射线、激光等照射蚕豆干种子、花粉、幼嫩胚株等的剂量效应研究阶段。例如，1994 年浙江省农业科学院原子能所的王桂贞研究员研究了用 ^{60}Co γ 射线照射蚕豆干种子的半致死剂量为 14 krad，因此提出 ^{60}Co γ 射线照射蚕豆干种子的适宜剂量范围为 10~15 krad。在 20 世纪 90 年代中期，厦门大学生物系的王候聪等应用 ^{60}Co γ 射线照射蚕豆成熟花粉的剂量效应进行了研究。他们的试验证明，蚕豆花粉的发芽率随着辐照剂量的增加而降低，而花粉精核形态的畸变率则随着剂量的提高而增加。他们提出，蚕豆成熟花粉的半致死剂量为 465 Gy。他们还认为，在寻找提高辐射诱发有益突变率、减少无效突变的技术时，利用花粉作为诱变材料是有希望的。首先，由于花粉数量多，在一定剂量照射下，各个花粉粒会受到随机性分子水平的损伤，从而产生多种多样的位点突变。同时，位点突变的精核所产生的后代不会产生嵌合体，而且一些隐性突变也会在以后的世代中不断表达，还会直接引起胚乳性质的突变，这为育种家提供了丰富多彩的数量性状突变新类型。可以预见，蚕豆诱变育种将会取得新的成就。

七、应用免疫酶法选育胞质雄性不育性状稳定的蚕豆

雄性不育性在杂种优势中的利用已在我国禾谷类作物中被广为研究和应用，但在籽粒型食用豆类植物中的研究还未见报道。国外学者早在 20 世纪 70 年代已对蚕豆核质雄性不育问题开展了研究。1992 年法国《Agronome》报道 N. Berthau 等对蚕豆应用免疫酶法选育胞质雄性不育性状稳定性取得成功。

据 N. Berthau 等的研究结果，认为蚕豆核质雄性不育系 "447" 不够稳定，在不育系转育过程中经常出现恢复育性的可育株。研究发现在蚕豆 "447" 雄性不育株的细胞质中有一种胞质类病毒颗粒（VLP），VLP 随着育性的恢复而消失，故与不育性有关，而这种 VLP 颗粒的含量又与保持不育性稳定程度密切相关。并发现类病毒颗粒 VLP 含量的性状遗传力强，鉴别力高，故育种工作者可考虑利用这种类病毒颗粒含量作为选育标准。

用于测定植株中类病毒颗粒含量的方法为酶联免疫测定法（ELISA），简称免疫酶法。此法可根据株龄和温度，研究植株不同器官中类病毒颗粒 VLP 的含量及其在不同叶位的分布状况，选育胞质雄性不育性状稳定的蚕豆。

八、现代育种技术

中国蚕豆育种多采用传统育种技术，育种周期长，效率低。现代育种技术如单倍体育种、基因工程等在我国已经应用于水稻、玉米等作物，但在蚕豆上运用得较少。因此应进一步开展这方面工作，为育种提供理论基础。遗传图谱的构建是当前分子遗传研究的热点。2023 年 3 月，《Nature》杂志网站发表了由丹麦奥胡斯大学 Stig Uggerhøj Andersen 和芬兰自然资源研究所 Alan H. Schulman，以及英国雷丁大学 Donal Martin O'Sullivan 联合团队及其合作者的论文，他们完成了对蚕豆的测序，并组装了基因组，在此基础上剖析

了蚕豆种子大小和种脐颜色的遗传基础，为下一步蚕豆的基因组学研究、种质资源利用、现代育种技术的发展打下了扎实基础。从种质资源利用角度讲，蚕豆遗传图谱能有效地用于控制重要经济或农艺性状基因的定位，加快育种进程。

九、其他育种技术

蚕豆除上述育种方法外，还有其他一些育种方法。胡晨康等发现，用杂种第 4 代株系同型合并的方法，能在较短的年限里筛选出较为理想的蚕豆新品种（系），从而加速育种进程；还有人主张蚕豆用穿梭育种方法，并已在蚕豆杂交育种中广泛应用，如 2003—2006 年中澳合作项目"在中国和澳大利亚雨养型农业系统中增加冷季豆类生产研究"（CS1/2000/035）中，充分利用了春、秋两播区的播种季节反差进行穿梭育种，这一育种方法，可为我国蚕豆育种周年鉴定选择缩短选择周期 50%。蒋学彬提出库式育种理论，认为系统选育有不能人为创造变异的缺点，人工杂交又具不易获得成功的不足，因此系统选择和杂交育种需要结合。他由此提出了人为采取"库"的方法，把若干不同的蚕豆种质按一定量的种子混合起来，组成亲本库式基因群，利用天然传粉和引入蜜蜂传粉相结合、天然杂交和人工杂交相结合、杂交育种和其他育种相结合的办法来扩大变异来源。具体做法是通过引入蜜蜂传粉、缩短品种间的距离、连续多代混播等方法提高天然杂交概率，然后根据不同的育种目标建立分库，持续加入新的成分，持续产生新的变异，保留经过淘汰和选择过的后代。李耀锃提出了生态育种，介绍了国际干旱地区农业研究中心利用生态条件不同的地区反复选择的生态育种方法。焦春海提出并介绍了合成品种法，合成品种法将 3～10 个入选基因型品种，相互间充分杂交，从而获得新的群体，这种合成品种比常规对照品种能增产 15%～21%。

第四章 蚕豆的品种资源分类与优良品种

第一节 蚕豆的品种资源分类

蚕豆品种资源丰富，有多种分类方法，常见的有以下5种。

一、按照粒型分类

按照传统的粒型分类，蚕豆分为小、中、大3种类型，其中大粒型是指百粒重120 g以上。随着一些百粒重200 g左右的新品种的育成，这种分类已经不能很好地适应实际生产和研究需要。为此，笔者建议把蚕豆粒型划分为超大粒型、特大粒型、大粒型、中粒型和小粒型5种。

（一）超大粒型

百粒重在180 g以上，粒型多为阔薄型，种皮多为淡黄色或褐色，茎秆粗壮，植株高大。超大粒蚕豆是随着速冻加工的兴起而不断发展起来的。随着国家的改革开放，蚕豆种质资源的内外交流加快，一些超大粒型的种质不断引进到国内，随着科技的发展，各地逐渐选育出一批超大粒的蚕豆。如以'陵西一寸'为代表的引进品种，'慈蚕1号''大朋1号''通鲜1号'等。这类品种对水肥条件要求高，适应性广，而其鲜百粒重可达400 g以上，品质好，鲜荚商品性好，适宜于速冻加工和市场鲜销，正逐渐成为市场的主流品种。

（二）特大粒型

百粒重在150 g以上，粒型多为阔薄型，种皮颜色多为淡青色或褐色，植株高大，茎秆粗壮。特大粒型资源较少，主要分布在甘肃、四川两省。其代表品种有地方品种甘肃临夏'马牙豆'、四川阿坝'大金豆'等，近期育成的有'保蚕豆5号''通蚕9号'等。这类品种中，地方品种对水肥条件要求较高，耐湿性差，种植范围窄，而近年来育成的品种，与地方品种相比，适应性广，种植区域大。特大粒蚕豆品质好，豆粒大，商品价值高，宜作蔬菜，适合鲜销。

（三）大粒型

百粒重在120 g以上，粒型多为薄型，种皮颜色多为乳白色和绿色2种，植株高大。在地方种质资源中，大粒型资源较少，主要分布在青海、甘肃两省，其次是浙江、云南、四川。其中，代表性品种有青海马牙、甘肃马牙、浙江慈溪大白蚕、四川西昌大蚕豆等。这类品种对水肥条件要求较高，耐湿性差，种植范围窄，局限于旱地种植。其特点是品质好，食味佳美、粒大、商品价值高，宜作粮食和蔬菜，是我国传统出口商品。

（四）中粒型

百粒重为70~120 g，粒型多为中薄型和中厚型，种皮颜色以绿色和乳白色为主。中粒型资源最多，主要分布在浙江、江苏、四川、云南、贵州、新疆、宁夏、福建和上海等地。其代表品种有浙江'利丰蚕豆'和上虞'田鸡青'、四川'成胡10号'、云南昆明'白皮豆'、江苏'启豆1号'等。这类地方品种的特点是适应性广，耐湿性强，抗病性好，水田、旱地均可种植，产量高，宜作粮食和副食品加工。

（五）小粒型

百粒重在70 g以下，粒型多为窄厚型；种皮颜色有乳白色和绿色2种，植株较矮，结荚较多。小粒型资源主要分布在湖北、安徽、山西、内蒙古、广西、湖南、浙江、江西、陕西等地。代表品种有浙江平阳早豆子、陕西小豆等。这类品种比较耐瘠，对肥水要求不甚严格，一般作为饲料和绿肥种植，也可作为多种副食品的原料。

二、按照生态分类

按照生态分类，我国蚕豆可以分为春性和冬性两大类型。春性蚕豆分布在春播生态区，苗期可耐 3~5 ℃低温。如将春性蚕豆播种在秋播生态区，不能安全越冬，即不耐冬季 −5~−2 ℃低温。春性蚕豆品种资源约占全国蚕豆总资源数的 30%，其中大粒型约占15%、中粒型占 50%、小粒型占 35%。在全国大粒型品种资源中，春性占 70%。冬性蚕豆分布在秋播蚕豆生态区，苗期可耐 −5~−2 ℃低温，可以在秋播区安全越冬。主茎在越冬阶段常常死亡，翌年侧枝正常生长发育。冬性蚕豆品种资源约占全国蚕豆总资源数的 70%，其中大粒型约占 3%、中粒型占 55%、小粒型占 42%。但近年育成的冬性特大粒型、超大粒型品种逐渐增多，该比例正不断得到优化。

三、按照种皮颜色分类

（一）青皮种（绿皮种）

如浙江上虞'田鸡青'（绿皮）、四川'成胡 10 号'（浅绿色）、江苏'启豆 1 号'（绿色）、云南'丽江青蚕豆'（青皮）、云南楚雄'绿皮豆'等，这类品种以南方秋播地区为多。

（二）白皮种

如甘肃'临夏大蚕豆''青海 3 号'、浙江'慈溪大白蚕'、湖北'襄阳大脚板'、云南'昆明白皮豆'等，这一类品种以北方春播地区为多。

（三）红皮种（紫皮）

如青海'紫皮大粒蚕豆'、内蒙古'紫皮小粒蚕豆'、甘肃'临夏白脐红'、云南大理红皮豆、云南盐丰红蚕豆等。

（四）黑皮种

如四川'阿坝州黑皮种'，适宜在春播地区种植，能耐低温。

四、按用途分类

可分为粮用型、菜用型、肥用型和饲用型 4 种类型，以及各种用途的兼用型。

五、按生育期长短分类

按生育期长短可分为早熟型、中熟型和晚熟型。

第二节　蚕豆的主要品种

一、地方品种

（一）浙江 '慈溪大白蚕'

'慈溪大白蚕'原产于浙江省慈溪市，是浙江著名的地方品种，浙江五大名豆之一。常年种植面积为 10 000 hm²，一般与其他作物间、套作（间套作面积为 20 000 hm²），平均产量 3 000 kg/hm² 以上，最高年平均产量达 4 500 kg/hm²。该品种为大粒种，百粒重 120 g 左右，是浙江省地方品种粒型最大的高产良种，种子色泽光洁，种皮乳白色，食味佳美，商品价值高，曾是当地的主要出口农产品，被称为"宁波手拣白蚕"，在日本和东南亚各国享有盛誉。

'慈溪大白蚕'株高 110~130 cm，单株有效分枝 4~5 个，单株结荚 20~30 荚，每荚平均 1.7~2.0 粒，单株产量 53.6 g（水田为 34.4 g）。其籽粒宽而扁薄，平均粒长 2.01 cm，粒宽 1.48 cm，粒厚 0.56 cm。宽厚比为 1:0.48，属大粒阔薄型。据测定：籽粒蛋白质含量 29.5%，赖氨酸 2.7%，脂肪 1.49%，碳水化合物 54.38%。

本品种耐湿性较弱，耐肥力较强，需深厚肥沃且微碱性的粉砂土，耕作条件要求较高，旱地增产潜力大于水田。

'慈溪大白蚕'属晚熟型，在浙江省一般霜降前后播种，翌年5月初青荚成熟，5月底种子成熟，全生育期210~215 d。

（二）浙江'香蕉豆'

温州地方品种，鲜籽粒型。植株株高90.2~100.5 cm，叶片厚，单株有效分枝7~10枝；花瓣白色，花托粉红色；单株有效荚数16~21个，单荚重约30 g，2~3粒荚约占83.2%，荚长13.5~15.4 cm；鲜豆粒淡绿色，长2.7~2.9 cm、宽2.1~2.3 cm、厚1.2 cm左右，鲜豆百粒重400~420 g；播种至鲜荚采收180 d左右。鲜籽粒型/饲用型粗蛋白8.74%，鲜籽粒型/饲用型粗淀粉14.2%。中抗锈病（冬蚕豆），中抗赤斑病（冬、春蚕豆），耐旱性（春蚕豆）中耐，耐冷性（冬蚕豆）中耐。

适宜在浙江省范围内种植。浙江台州市在10月中下旬至12月中下旬播种，5月上中旬陆续开始收青荚。

（三）浙江'上虞田鸡青'

该品种原产于浙江省绍兴市上虞区，也是浙江有名的地方品种，常年播种面积1 200~2 000 hm²，常年平均产量2 250 kg/hm²（亩产量150 kg），高产年平均产量达3 600 kg/hm²。种皮绿色，分小粒和中粒2种，小粒种百粒重60~70 g，属窄厚型；中粒种百粒重为70~80 g，属中厚型，种皮均为绿色。一般株高100~125 cm，单株有效分枝3~5个，单株荚数25~30荚，每荚2~4粒，平均单株产量42.3 g。据测定，籽粒蛋白质含量31.5%、脂肪2.23%、碳水化合物53.97%，是浙江省蚕豆地方品种中品质最佳的一个。

'田鸡青'属早熟型，具有耐湿、耐迟播、抗赤斑病、适应性广等优点，适宜在平原水网地区水田或旱地种植。

上虞当地一般霜降前后（10月下旬）播种，播种量12.5 kg/亩。翌年5月底成熟。全生育期205~209 d。

该品种亦宜于采青荚作蔬菜和茎叶作绿肥兼用。

（四）浙江'奉化小青豆'

该品种原产于浙江省奉化区，是该县历史上的主要栽培品种，常年平均亩产 125 ~ 150 kg。它同样具有田鸡青早熟、耐湿、耐迟播和抗赤斑病等优点，也是适于稻田多熟制搭配的较好品种。'小青豆'一般株高 90 cm 左右，单株有效分枝 3 ~ 4 个，单株荚数 22 ~ 25 荚，每荚 2 ~ 3 粒，平均单株产量 41.3 g。平均籽粒长 1.53 cm、宽 1.17 cm、厚 0.5 cm，宽厚比为 1 : 0.4，属窄厚型，百粒重 70 ~ 80 g，种皮颜色有绿色和乳白色两种，以选用绿皮种为好。绿皮种测定结果：籽粒蛋白质含量 27.85%，脂肪 1.42%，碳水化合物 50.42%。

'小青豆'在宁波地区于 10 月下旬播种，翌年 5 月中下旬成熟，全生育期 203 ~ 207 d。同时它具有播期弹性大而稳产的特性，粒重均较稳定，其他经济性状如荚、粒数的变动幅度也比较小，表现较耐迟播。本品种可作为采青与绿肥兼用，据测试，可亩产青豆荚 450.75 kg、鲜茎叶 1 179.4 kg。鲜茎叶含水分 65.3%，其干物质含全氮 3.11%、全磷（P_2O_5）0.607%、全钾 1.29%。

（五）浙江'平阳早豆子'

该品种原产于浙江省苍南县，以采青和绿肥兼用为主，少数是老熟留种。一般株高 60 ~ 70 cm，单株有效分枝 2 ~ 3 个，单株荚数 20 荚左右，每荚 1.6 ~ 2.0 粒，平均单株产量 17.2 g，其籽粒细小，平均粒长 1.50 cm、宽 1.21 cm、厚 0.59 cm，宽厚比为 1 : 0.48，属窄厚型，百粒重 50 ~ 70 g，种皮乳白色。

早豆子的特点是：①特早熟。在宁波地区一般于 10 月下旬播种，5 月上中旬成熟，全生育期 195 d 左右，亩产为 125 kg 上下。作为春播，一般 3 月 15 日左右播种，6 月 10 日前后收获，全生育期 80 d 左右，亩产籽粒 50 kg 左右。②鲜茎叶中氮、磷、钾含量高。据测试，亩产青豆荚 476 kg、鲜茎叶 573.75 kg，鲜茎叶含水分 66.2%，其干物质含全氮 4.13%、全磷（P_2O_5）1.65%、全钾

（K₂O）1.62%。

栽培上必须注意两点：①播种不宜过早，以避免前期长势过旺而遭冻害；②适当增加密度。该品种分枝力弱，行株距可适当密一点。

（六）浙江 '嘉善香珠豆'

该品种是浙江省嘉善县的一个地方良种。株高 150 cm 左右，单株有效分枝 4~5 个，单株结荚数 31 荚，每荚 1.9 粒，单株产量 53.4 g，种皮深绿色，籽粒百粒重 80~90 g，属中粒型，籽粒蛋白质含量 26.94%、脂肪 0.92%、碳水化合物 54.21%。耐湿性强，水、旱地均可种植。原产地的全生育期 215 d 左右，为晚熟品种。

香珠豆曾被湖北省于 1972 年引入种植成功，而后成为该省的一个主要推广品种，表现适应性广，对耕作水平和生态环境要求不严，耐赤斑病，宜作菜肥兼用品种，干籽粒产量为 3 000 kg/hm²，青荚产量为 4 500~5 600 kg/hm²，鲜茎叶产量 15 105 kg/hm²。

（七）云南 '昆明白皮'

该品种原产于云南省昆明市，在云南省有较大的种植面积，株高 80~100 cm，单株有效分枝 2.7 个，单株结荚数 12.2 个，每荚平均 1.8 粒，单株产量 19.3 g。种皮乳白色，籽粒百粒重 95~100 g，属中粒型。籽粒蛋白质含量 27.92%、赖氨酸含量 1.847%。在昆明市的全生育期 193 d，为中熟品种。

昆明白皮豆的特点是，茎秆粗壮，抗倒伏性好，花荚脱落少，结荚性好。一般产量 2 500~3 000 kg/hm²，高的达到 5 200 kg/hm²。

（八）云南 '保山透心绿'

该品种是云南省保山市的一个地方品种。一般株高 60~80 cm，单株有效分枝 2.7 个，单株结荚数 10 个，每荚 1.9 粒，单株产量 14.1 g。种皮乳白色，籽粒百粒重 70~80 g，属中粒型。籽粒蛋白质含量 22.2%。原产地的全生育期 193 d，为中熟型品种。

透心绿品种的特点是：较耐旱，植株矮小，适宜密植，种子成熟后子叶还保持鲜嫩绿色，是我国稀有的优良地方品种。

（九）四川'西昌大白胡豆'

该品种原产于四川省西昌市，在该省的安宁河流域有较大面积种植。一般株高 111.0 cm，平均单株有效分枝 4 个，单株结荚数 21 个，每荚 1.8 粒，单株产量为 37.5 g。种皮乳白色，籽粒百粒重 103.1 g，属中粒型。原产地的全生育期 205 d 左右，为中熟品种。

（十）上海'三白豆'

该品种原产于上海市嘉定区。株高平均 112 cm，单株平均结荚 11.5 个，每荚平均 2 粒。花紫色，种皮乳白色，籽粒百粒重 108 g，属中粒型。原产地的全生育期 218 d，为中熟品种。

（十一）河北'崇礼 1 号'

该品种系河北省崇礼区麻地沟实验场用本地的南山蚕豆作母本，青海马牙蚕豆作父本，经有性杂交选育而成。为春蚕豆品种，全生育期在崇礼区仅 87 d 左右，属早熟品种。株高 120 cm 左右，节间较短，结荚部位集中，单株结荚 10~12 个，每荚 4 粒左右。种皮乳白色，百粒重 160 g 左右，属大粒型品种。高抗褐斑病。产量 225~250 kg/亩，最高可达 300 kg/亩以上。

二、育成品种

（一）'慈蚕 1 号'

该品种原名慈溪大粒 1 号、白花大粒 20-1，由浙江省慈溪市种子公司选育而成，2007 年 2 月通过浙江省非主要农作物品种认定委员会认定（认定编号：浙认豆 2007001），属大粒型蚕豆新品种。该品种具有田间生长整齐、长势较强、产量较高、经济效益好等特点。植株长势旺，株高约 90 cm，叶片厚，单株有效分枝 8~10 个；花瓣白色，花托粉红色，单株有效荚数 15~20 个，单荚重 35.7 g，2~3 粒荚约占 90%，荚长 13 cm 左右；鲜豆粒淡绿色，长约 3.0 cm，宽 2.2~2.5 cm，厚 1.3 cm 左右，百粒重 450 g 左右；种皮淡褐色，种脐黑色，种子百粒重 190~220 g。全生育期约 230 d，播种至鲜荚采收 200 d 左右。鲜豆食用品质佳，商品性好，适合鲜食和速冻加工。

（二）'陵西一寸'

从日本引进，经育种单位青海省农林科学院提纯复壮和混合选育而成。该品种半冬性，中早熟，生育期 96~104 d。种株体矮小，茎粗 0.69~0.73 cm，株高 110~115 cm。分枝多，荚大、粒大，种皮浅绿色，籽粒粉质型，幼苗直立，幼茎浅绿色。主茎绿色，方形。初生叶卵圆形，绿色，托叶浅绿色，复叶长椭圆形，复叶平均小叶数 31 片。叶姿上举，株型紧凑。主茎始花节 4~6 节，终花节 9~11 节。花白色，每花序最多小花数 6 朵。主茎实荚数 4~6 个，荚果着生状态半直立型。荚为大荚型，单株实荚数 9~11 个，单个青荚重 20~30 g，鲜荚荚长 10.5~17.9 cm，荚宽 2.0~5.0 cm，成熟荚长 9.85~10.75 cm，荚宽 2.46~2.54 cm，每荚 1~3 粒。成熟荚黑褐色。种皮浅绿色、无光泽、脐黑色，阔薄形。鲜粒长 3.40~4.0 cm、宽 2.25~2.75 cm；种子长 2.40~2.46 cm、宽 1.67~1.71 cm。单产青荚 1.5 万 kg/hm² 左右。籽粒浅绿色，阔薄形，百粒重 194~200 g。籽粒粉质类型，鲜粒烹调食味佳，适于速冻加工，籽粒粗蛋白含量 28.85%、淀粉 46.24%、脂肪 1.227%、粗纤维（干基）7.099%、灰分（干基）2.781%。鲜荚绿色，成熟荚黑褐色。该品种耐旱性较强、抗倒伏性中等，耐肥不耐瘠，易感枯萎病。

（三）'浙蚕一号'

鲜籽粒型。生态型冬性，用途粮菜兼用。熟期中熟，全生育期 195 d。叶色深绿，花（旗瓣）白色。分枝多，有效分枝 9.2 个。株高 96.7 cm，百粒重 204.45 g 左右。单株有效荚数 25 个，单荚粒数 2.6 粒，成熟荚黑色，荚质硬荚。籽粒阔薄形，种皮绿色。子叶色淡黄。鲜籽粒型，粗蛋白含量 30.2%，粗淀粉 34.4%，粗脂肪含量 2.0%，赖氨酸含量 1.90%。中抗锈病、赤斑病、枯萎病，耐冷性中。

在浙江地区可在 10 月中旬至 11 月上旬播种。

（四）'慈科蚕 2 号'

该品种由慈溪农技推广中心利用慈溪大白蚕变异株经系统法选育而成，属粮菜兼用型、冬性。中熟。青荚成熟期 176 d，全生育期 191 d。植株长势旺盛，茎秆粗度一般，嫩茎上有淡紫色。叶绿色，花（旗瓣）粉色。分枝多，有效分枝 7.9 个。株高 114.7 cm，百粒重 140.80 g。单株有效荚数 52.4 个。3 粒荚比例大，平均荚粒数 2.26 粒。成熟荚黑色，荚质硬荚。籽粒阔薄形，种皮青白色。子叶淡黄色。鲜豆的蛋白质、淀粉、单宁含量分别为 9.53 g/100 g、16.2 g/100 g、1.89×10^3 mg/kg。干豆的蛋白质、淀粉、单宁含量分别为 25.2 g/100 g、45.0 g/100 g、913 mg/kg。

产量表现好。鲜豆产量 502.9 kg/亩，干豆产量为 248.80 kg/亩。

抗病性强。鉴定结果为赤斑病中抗（MR），锈病中抗（MR）。品种主要特点是长势好，结荚多，且 3 粒荚多，产量高，品质好。本品种干籽粒百粒重 140.8 g，比慈溪大白蚕略大，但比'慈蚕 1 号''陵西一寸'等鲜食型品种的籽粒小，不适宜于速冻加工，宜采青荚鲜销或收干豆。

（五）'DH30'

'DH30'品种系慈溪农技推广中心利用'慈蚕 1 号'变异株选育而成，经系统选育而成，经在浙江省台州市、绍兴市、宁波市等地试种，于 10 月中下旬正常秋播，全生育期 190 d 左右。'DH30'主要农艺性状表现：株型紧凑，株高 102.6 cm，分枝数 9.0 个。花色白，花托淡红色。品种为中熟，青荚成熟期 178 d，生育期 190 d。植株长势旺盛，茎秆粗壮，嫩茎绿色。结荚一般，且 3 粒荚、4 粒荚比例较高，平均每荚粒数为 2.83 粒。平均单株结荚 28.5 荚，青熟时单株鲜豆百粒重 457.4 g，鲜豆产量 487.05 kg/亩。老熟时，种子百粒重 235.0 g，产量 254.55 kg/亩。种子青熟时种皮绿白色，子叶淡绿色，干熟时种皮黄褐色，子叶淡黄色。该品种籽粒较大，非常适合于速冻加工。在抗性上，该品种对赤斑病为中抗（MR），对锈病为抗（R）。产量表现佳，适应性强，豆粒大，3~4 粒荚居多。各地可根据当地的栽培季节确定播种时间，避免过迟或过早。避免过量施用氮肥。

（六）‘双绿 5 号’

‘双绿 5 号’系浙江勿忘农种业集团科研中心选育的大粒型鲜食蚕豆品种，该品种植株高约 95 cm，花瓣紫红色，单株有效分枝 5~6 个，单株有效荚 16 个左右，2~3 粒荚各占 40% 左右，单株鲜荚重 450 g 左右，豆荚长 12 cm，百粒重 400~450 g。鲜豆种脐种皮绿色，豆皮薄、豆仁酥糯、口感鲜美，外观亮丽，质佳，鲜豆质糯，速冻加工后肉质不变硬，适合鲜食和速冻加工。耐寒、适应性广。播种至鲜荚采收 170~197 d。产量高，一般鲜豆荚产量为 800~1 000 kg/亩。

（七）‘通蚕三号’

该品种由江苏沿江地区农科所以优质、大粒的蚕豆地方品种‘牛踏扁’作母本，以高产多抗多荚的国家农作物 2 级优异种质‘启豆 2 号’为父本，通过杂交获得杂交后代，再以其 F$_2$ 代为母本，以籽粒特别大的日本时蚕品种为父本，通过复合杂交和定向选育，把高蛋白、高粒重、高产量以及稳产性结合于一体所育成的优质高产菜用蚕豆新品种，2001 年 12 月经江苏省南通市农作物品种审定委员会审定。

该品种出苗整齐，苗期长势强；株高中等，成株高度 102 cm。叶片较大，茎秆粗壮，结荚高度适中，生长势旺；分枝性强，单株分枝 3.7 个，单株结荚 11 个，大粒种，百粒重 133.6 g 左右，紫花、白皮、黑脐；种皮浅绿有光泽，全生育期 221 d 左右，中熟；

耐肥抗倒性强，丰产性好，产量一般 3 300 kg/hm²，生产潜力4 500 kg/hm²；耐寒性强，抗病性好，较抗赤斑病、锈病，中后期根系活力较强，不裂荚，秸青籽熟，熟相好，稳产性能好。籽粒商品性好，青豆口味鲜而不涩，品质优良，粗蛋白含量 28.6%，粗脂肪 0.71%（干基%），根据中国农业科学院品种资源研究所确定的标准，'通蚕 3 号'蚕豆为高蛋白品种。

（八）'通蚕鲜 6 号'

该品种由江苏沿江地区农科所以紫皮蚕豆×日本白大白皮杂交育成。2018 年，获国家登记号［蚕豆（2018）320003］。全生育期 140 d 左右，株高 85 cm。单株分枝 3.56 个，结荚 9.9 个，每荚 3.2 粒左右，单荚鲜重 20～25 g，每荚 1.95 粒左右，鲜籽百粒重 411 g。干籽百粒重 195 g 左右，种皮浅紫皮、黑脐，粗蛋白含量 30.2%，单宁含量 0.525%。中抗蚕豆赤斑病、感锈病。亩产鲜荚 900～1 100 kg、鲜籽 300～400 kg。播种至青荚采收 195 d 左右，全生育期 220 d 左右。适宜在江苏、浙江、福建、安徽、湖北、江西、广西、重庆、贵州等省（市）作鲜食种植。

（九）'通蚕鲜 7 号'

该品种由江苏沿江地区农科所以（93009/97021）F₂×970210为亲本回交育成。'通蚕鲜 7 号'（原系号为通 03010，又名苏03010）属秋播大粒鲜食蚕豆类型，全生育期 220 d 左右（鲜食青荚生育期 209.4 d），中熟。苗期生长势旺，中后期根系活力较强，耐肥，秸青籽熟，不裂荚，熟相好。株高中等，株高 96.7 cm 左右，叶片较大，茎秆粗壮，结荚高度中等。花色浅紫花，单株分枝4.6 个，单株结荚 15.2 个，单株产量 263.8 g，每荚粒数 2.27 粒左右，其中 1 粒荚占 19.5%，2 粒以上荚占 80.5%；鲜荚长11.81 cm、宽 2.55 cm；常年百荚鲜重 4 000 g 左右（区试平均百荚鲜重 2 500.4 g），鲜籽长 3.01 cm、宽 2.18 cm；鲜籽百粒重410～450 g（区试平均鲜籽百粒重 379.3 g），鲜籽粒绿色，煮食香甜柔糯，口味好。干籽粒种皮白色（刚收获时略显浅绿的白色过渡色），黑脐，籽粒较大，干籽百粒重 205 g 左右。品质优良，抗赤斑病、中抗锈病、较耐白粉病，干籽粒粗蛋白 30.5%、粗淀粉 53.8%、单宁含量 0.47%、脂肪含量 0.9%。

（十）‘通蚕鲜 8 号’

该品种由江苏沿江地区农科所 97035×ja-7 为亲本选育的中熟大荚大粒鲜食蚕豆品种，适宜江苏、浙江、福建、重庆、上海等地种植，在东南沿海鲜食蚕豆产区有较好的推广应用前景。

该品种全生育期约 220 d（鲜食青荚生育期 208 d），株高约 94 cm，叶片较大，茎秆粗壮，结荚高度中等；单株分枝 5.15 个，单株结荚 14.7 个，每荚 2.1 粒，其中 1 粒荚占 23.5%，2 粒及以上荚占 76.5%，鲜荚长 11.3 cm、宽 2.5 cm，百荚鲜重较高的试点达 3 800 g，鲜籽长 2.8 cm、宽 2.1 cm，常年鲜籽百粒重 410～440 g，平均鲜荚亩产量 1161.6 kg；鲜籽粒绿色，煮食香甜柔糯；干籽粒种皮白色，黑脐，百粒重约 195 g；抗逆性强，耐寒性好，中抗赤斑病、锈病、较耐白粉病；抗倒性较好，收获时秆青籽熟，熟相好。

（十一）‘南通大蚕豆’

‘南通大蚕豆’是江苏沿江地区农科所于 1982 年以牛踏扁×优系 50 的 F_2 代作母本，优系 50 作父本，进行回交选育而成的蚕豆新品种。1995 年 4 月经江苏省南通市品种审定委员会审定定名，准予推广。因其粒大，故定名为‘南通大蚕豆’。

该品种中早熟，全生育期 232 d，南通地区 10 月中下旬播种，翌年 6 月上旬成熟。生长茂盛，一般株高在 105 cm 左右，茎秆粗壮，耐肥抗倒，较抗赤斑病，耐寒性较好。紫花、白皮，属无限生长类型，分枝多，结荚率高，单株有效分枝 3 个以上，每枝结荚 4 个，平均每荚 2 粒以上，百粒重 117 g。蚕豆粗蛋白含量 27.02%，粗脂肪含量 1.18%，种皮内单宁含量低，为 3.8%，综合性状优良，产量高，是粮、饲、菜兼用型品种，食用性好，可作青豆上市，也可速冻加工。

（十二）'大朋一寸'

'大朋一寸'是福建省农业科学院作物研究所选育的大粒型白花蚕豆新品种，2009年2月通过福建省农作物品种审定委员会认定。

该品种株高110～130 cm，无限生长型，最低开花节位8节，主茎可连续开花15～20层。花白色，总状花序，每花序含小花3～7朵。福建省适宜播种时间为10月中下旬，福州以南可推迟至11月上旬。从播种到开花需85～100 d，采青生育期170 d左右，一般每亩鲜荚产量650～800 kg，出籽率33%～35%。荚果以2～4粒荚为主。该品种耐寒怕涝，抗病性较强，田间自然环境下叶部赤斑病轻度发生。

（十三）'成胡19'

'成胡19'是四川省农业科学院作物研究所1992年从叙利亚引进的"有限花序"材料中，通过系谱选育，经多代定向选育而成的优质、高产、粮饲兼用型蚕豆新品种，2010年通过四川省农作物品种认定委员会审定。其株型直立，长势旺盛，耐病力强；全生育日数183 d，株高114.9 cm，有效分枝2～5个，花紫色、单株粒数在20粒以上，种皮浅褐色，百粒重112.5 g；干种子含粗蛋白32.5%，生产试验平均亩产干籽粒143.5 kg。该品种适宜在秋播区的不同土质、不同台位、不同耕作制度上净作或间套作种植。

（十四）'凤豆22号'

'凤豆22号'是大理州农科院粮作所2004年经有性杂交选育而成，杂交组合SB010×'凤豆6号'，全生育期174～182 d，株高72.8～92.6 cm，分枝数2.7～4.9枝/株，有效枝数2.3～3.6枝/株，实荚数7.0～22荚/株，实粒数12.1～39.6粒/株，荚长7.2～9.5 cm，荚宽1.3～2.1 cm，单荚粒数1.61～1.8粒，单株产量

13.6~47.3 g，单株总干物重 31.4~88.7 g，收获指数 39.3%~
53.7%，百粒重 126.06 g。播种至现蕾天数为 35~75 d。区试平均
单产 283.97 kg/亩。两年区试增产点率 57.14%。抗性鉴定：中感
锈病（MS）、抗赤斑病（R）、抗褐斑病（R）。品质分析：水分
9.5%，总糖 4.66%，单宁 0.473%，总淀粉 46.18%，蛋白
质 28.2%。

据报道，凤豆 23、24、25 号也已问世。

（十五）'云豆 324'（滇蚕豆 11 号）

该品种系云南省农业科学院粮食作物研究所于 1982 年在昆明
市官渡区大田群体中选择的优异单株，1983 年选定为"83-324"，
于 1999 年通过云南省农作物品种审定委员会审定。累计推广
4 000 hm²。

'云豆 324'属菜用型中熟品种。秋播全生育期 183 d，夏播产
鲜荚全生育期 124 d，大荚大粒型，株高 85~110 cm，单株有效枝
2.9~3.7 个，单株荚数 11~13 个，单荚粒数 2.04 粒，种皮种脐绿
色。粒型阔厚，干籽百粒重 132 g，鲜籽百粒重 266 g，籽粒蛋白质
含量 25.59%、单宁含量 0.067%、糖分含量 13.49%，其粒型、籽
粒内含物成分均达出口鲜货指标。在原产地生育期 185 d，耐寒力
较强、耐旱力中等，中感锈病、赤斑病。秋播干籽产量 3 000~
3 750 kg/hm²，鲜荚产量 12 000~19 305 kg/hm²；夏播产鲜荚
7 500~11 250 kg/hm²。适宜在云南省海拔 1 100~3 200 m 的蚕豆
种植区，以海拔 1 600~1 900 m 的区域最佳，海拔 2 100 m 以上地
区宜夏播。

（十六）'利丰蚕豆'

该品种系浙江省农业科学院作物研究所于 1980 年从浙江省蚕
豆地方品种"皂荚种"中经多年系统选育，于 1989 年育成的秋播
蚕豆新品种，于 1993 年通过浙江省农作物品种审定委员会审定，
1996 年获浙江省科技进步优秀奖。已在浙江省蚕豆产区全面推广

种植，并有江西、湖南、湖北等省引去试种。常年播种面积 20 000 hm²，平均产量达 2 250~3 000 kg/hm²。该品种丰产稳产，耐蚕豆赤斑病，品质优，食味好，为粮、菜兼用型高产良种。利丰蚕豆属中熟偏早类型，全生育期 200 d 左右。株高 100 cm 左右，较为适中，花紫色，茎淡紫色，叶片呈卵圆形，单株有效分枝 3 个以上，豆荚集中，位于植株中下部，单株结荚 22 个，荚长 10 cm 左右，每荚平均 2~3 粒，粒型中薄，黑脐，种皮绿色，百粒重 85~90 g，籽粒蛋白质含量为 29.24%。

（十七）'白花大粒'

该品种系浙江省种子公司和舟山市种子公司于 1984 年从日本引进的'一寸蚕豆'品种经单株系统选育，于 1988 年育成的大粒菜用型蚕豆品种，于 1993 年通过浙江省农作物品种审定委员会审定。已在浙江和江苏两省蚕豆产区全面推广种植，平均干籽粒产量在 1 125~1 350 kg/hm²，鲜豆荚产量为 10 500~12 000 kg/hm²。近年来，白花大粒已成为优质菜用鲜豆良种，通过速冻加工后的鲜豆远销日本、美国等国家，是发展创汇农业的理想产品之一。

本品种属晚熟型，全生育期 220 d 左右。株高 85~90 cm，花白色，茎浅绿色，单株有效分枝 5~6 个，单株结荚 15 个左右，每荚平均 2~3 粒，黑脐，种皮乳白色，干种子百粒重 200 g 左右，鲜豆百粒重达 450 g 左右。

白花大粒品种耐肥、抗倒，但耐寒、耐湿性较差，易感赤斑病，所以对栽培技术要求比较严格，适宜于肥力水平较高的旱地种植。因其秆矮茎粗，也适于豆棉套作栽培。

（十八）'启豆 5 号'

'启豆 5 号'是江苏省启东市绿源豆类研究所以'启豆 2 号'为母本，'日本一寸'蚕豆为父本，经杂交选育而成。2001 年通过南通市品种审定委员会审定。

'启豆 5 号'是大粒型鲜、干兼用型蚕豆品种，表现为优质高产。该品种平均株高 95~100 cm，茎秆粗壮，根系发达，抗倒，对锈病、黄花病抗性较好。单株有效分枝 3~4 个，分枝结荚 3.0~3.5 个，每荚粒数 2.4 粒左右。粒型为长椭圆形，绿皮黑脐，青豆皮薄鲜嫩，肉质细腻，质地酥软，口感优良，深受大中城市消费者的青睐。一般 10 月中旬播种，幼苗紫绿色，叶为偶数羽状复叶，较肥厚。冬前生长稳健，一般于 2 月上旬现蕾，初花后发育较快。立夏前后，随着营养生长的逐渐停止，进入灌浆期。5 月中旬青荚上市出售，一般每亩产青荚 1 000 kg 左右。6 月初收干蚕豆，每亩产干籽 180 kg 左右，全生育期 230 d 左右。

'启豆 5 号'青蚕豆荚粗长，荚色翠绿，每荚多为 2~3 粒，豆粒种皮绿色，品质极优，风味好，适口性极佳。鲜豆百粒重 480~500 g。商品性好，经济效益比白皮品种及小粒绿皮品种明显提高。干蚕豆百粒重 210 g 左右。启豆 5 号蛋白质含量高达 32.09%，单宁含量仅 0.24%，比普通蚕豆品种低 5 倍多，无涩味，口感特好。

（十九）'临夏大蚕豆'

该品种由甘肃省临夏回族自治州农业科学研究所以引进的'英国 175'品种作母本，临夏'马牙蚕豆'作父本，进行有性杂交，经多年选育而成。其赖氨酸含量达 0.89%，曾荣获 1985 年甘肃省科技进步奖三等奖。该品种适应性强，株高 120~140 cm，抗倒伏，株型紧凑，不裂荚，种皮乳白，籽粒饱满，硬粒少，品质优良，粗蛋白含量 26.49%，淀粉含量 40.71%。表现出良好的丰产性和稳产性，一般每亩产量可达 300~450 kg，高产的可达 500 kg 以上。

（二十）'临蚕 8 号'

'临蚕 8 号'是临夏州农业科学研究所选育的一个优质、高产、抗旱、耐根腐病、适宜旱地种植的春蚕豆新品种。2008 年 12 月通过甘肃省农作物品种审定委员会认定。该品种在甘肃蚕豆主产区大面积示范种植过程中，表现出生长势强、耐旱性好、百粒重高等特点。

'临蚕 8 号'株型紧凑,植株生长整齐,春性强,生育期118 d
左右。株高 125 cm 左右,有效分枝 1~2 个,茎粗 1 cm,幼茎绿
色。叶片为椭圆形,叶色浅绿。花淡紫色,始荚高度 26 cm,结荚
集中在中下部,呈半直立型,单株荚数 9~15 个,荚长 10 cm,荚
宽 2.1 cm,每荚 2~3 粒。单株粒数 18~32 粒,粒长 2.3 cm,粒宽
1.7 cm,百粒重 181 g。籽粒饱满整齐,种皮乳白,色泽鲜艳,商
品性优良,属中早熟大粒品种。

(二十一)'青蚕 15 号'

'青蚕 15 号'是由青海省农林科学院(青海大学农林科学
院)、青海鑫农科技有限公司以地方蚕豆品种湟中落角为母本、品
系 96-49 为父本,经有性杂交选育而成。

该品种幼苗直立,幼茎浅紫色,方形。叶姿上举,叶色灰绿、
叶形卵圆形,株型紧凑。株高 130 cm 左右。总状花序,花紫红色,
旗瓣紫红,脉纹浅褐色,翼瓣紫色,中央有一黑色圆斑,龙骨瓣浅
紫色,成熟荚黄色。籽粒白色、中厚型,百粒重 220 g 左右,属超
大粒品种。种皮有光泽、半透明,脐黑色。属中晚熟品种。在西宁
地区出苗至开花 37 d,期间≥5 ℃积温 420.2 ℃·d;开花至成熟
90 d,期间≥5 ℃积温 1 502.1 ℃·d;出苗至成熟 127 d,期
间≥5 ℃积温 1 906.3 ℃·d;全生育期 157 d,期间≥0 ℃积温
2 076.6 ℃·d。

经青海省农林科学院植物保护研究所于 2012 年田间和室内鉴
定,青蚕 15 号中抗蚕豆赤斑病和根腐病。2012 年经中国科学院西
北高原生物研究所测试中心分析,青蚕 15 号籽粒粗蛋白质含量
31.19%。淀粉含量 37.26%,脂肪含量 0.96%,粗纤维(干
基)含量8.1%,产量表现良好。2008 年起,多地、多次参加品种
产量鉴定比较试验,以青海 11 号为对照品种,平均产量均较对照
平均增产 4.56%,增产幅度为 0.34%~9.67%,稳定性高于'青海
11 号'。

（二十二）'豆美1号'

'豆美1号'是全球首个观赏和籽粒兼用型蚕豆品种，其生育期180 d左右，株高74.5 cm，单株分枝4.3个。其花色粉红、鲜艳，有限花序，盛花期40 d左右，具有较强观赏价值。二次分枝明显，中上部结荚（适宜机械化收获）；其中单株结荚11.4个，单荚粒数2.2粒，鲜籽粒百粒重130.2 g，适宜机械化收获。田间未发现明显病害。在种植密度13 492株/亩情况下，鲜籽粒产量410.3 kg/亩，折合干籽粒产量160 kg/亩左右。

（二十三）'渝蚕5号'

'渝蚕5号'属鲜食和绿肥兼用型蚕豆品种。从出苗至鲜荚采收的生育期170 d左右，株高105.3 cm，单株分枝5.1个；单株结荚8.7个，单荚粒数2.3粒，鲜籽粒百粒重452.5 g。田间未发现明显病害。在种植密度7 026株/亩情况下，鲜籽粒产量508.9 kg/亩，比对照蚕豆品种"成胡18"增产28.8%。

第五章　蚕豆的栽培技术

第一节　蚕豆的耕作制度

我国蚕豆栽培历史悠久，分布地域广泛，有冬播、秋播，而且因各地耕作习惯的不同及干旱、霜冻等气候的胁迫和生产需要，形成了多种各具特色的耕种制度。

一、稻田土种植蚕豆

稻田土是指发育于各种自然土壤之上、经过人为水耕熟化、淹水种稻而形成的耕作土壤。一般稻田土具有表土有机质含量高，氮、磷、钾、微量元素相对富集，土壤比较黏重、pH 值向中性发展，盐基饱和度高于旱地，有利于微生物活动等特点。稻田土的各层次、各土类养分含量成分大多优于旱地土壤，适合蚕豆生长。

稻田耕种蚕豆的主要方式有下面 2 种。

（一）免耕和少耕法种豆

稻田种植蚕豆，采用免耕少耕法，有利于保持土壤水分，改良土壤表层结构，防止土壤侵蚀，节省能源，节省时间，有利于解决茬口矛盾。

（1）稻田套种：在水稻收获前 20 d 左右，稻田四周开沟排水数天后，将蚕豆种子逐粒按一定间隔（株行距）播入稻根旁土中，深度 1~2 cm。播后 2~3 d，再次在田中分区开沟排除积水。

稻田套种蚕豆，共生期 7~10 d。这种播种方法多见于多熟制的长江中下游和云贵高原的稻作区。

（2）稻田抛种：选择田平、水稻植株不高、不倒伏的田块，人站在田上，将蚕豆种子抛入田中，并同时用竹竿拨动稻禾，使种子完全落入稻田之中。播后 3 d 左右开沟排除稻田里的积水。待水稻收割时，蚕豆一般已长有 2~3 张叶，即可转入正常管理。这种方法有利于出苗，缓解大小春矛盾，节省劳力。但这种播种方法的缺点是播种稀密不匀，不便于田间管理。现在很少采用。

（3）稻板田开沟种豆：水稻收获前，田块四周开沟排除积水。水稻收获后拉绳划线开沟分畦播种。地下水位高的稻田，一般畦宽 1~2 m，沟深 30~40 cm；地下水位不高的稻田，一般畦宽 2~3 m，沟深 25~30 cm。畦面用磷钾肥划线条施，依肥条播。播后开沟，将沟土均匀布于畦面，吹晾松软后，整细。畦面覆土要求达到细、匀、严，沟直、底平，每块田有进、出水口，能排能灌。此法播种质量优于前几种，目前生产上采用较多。

（4）半旱式免耕法：半旱式栽培是以自然免耕法为基础的一种新式耕作法。这是改造冷、烂、锈、黏、酸、瘦水田，提高稻田生产力的一项有效措施，增产效果明显。其一般做法是：水稻收获后，对稻田开沟筑畦，畦宽 80~100 cm，沟宽 25 cm，沟深 35 cm，蚕豆在畦面免耕播种。这种方式，有利于土温升高，泥脚变浅，结构变好，有毒物质减少，潜在养分有效转化。

（5）田埂上种豆：为了争取多种多收，最大限度地利用土地，在宁波慈溪和浙江绍兴一带有在田埂隙地种豆的习惯。一般多在大田种豆、种麦、种油菜之前，先铲除田埂杂草，用草刀或豆撬等打洞播种。由于早播和田埂高于田面，通风透光条件好，植株生长茂盛，结荚率高。一般田埂种豆多作菜用鲜食，蚕豆秸秆多作耕牛催膘。

（二）耕翻种豆

稻田耕翻种豆，是指水稻收获以后，先将表土翻犁 20~25 cm，旋耕粉碎后作畦播种或不经犁翻，直接旋耕作畦，再经碎土整平、打穴或开沟播种。这种播种方式，多在土层深厚、疏松、冬季比较湿润，蒸发量较小地区进行，耕翻种豆能够使蚕豆根系根瘤发育有一个良好的土壤环境。

二、旱地蚕豆的耕种

旱地土壤有机质含量高，团粒结构好，有利于蚕豆高产。旱地蚕豆的主要耕种方式有以下 2 种。

（一）耕翻种豆

旱地翻耕，能使耕作层上下层次进行适当交换，使土壤疏松散碎为团聚体状态，可增加非毛管孔隙和总孔隙度，增强土壤的透气性和保水性，促进好气微生物活动和养分释放，是增产的一项重要措施。但翻耕也有因耕层过松促进有机质分解和消耗的缺点，在干旱地区易导致大量失水。因此，旱地种豆是否需要耕翻，必须因地制宜。

确定要耕翻种豆的旱地，要在前作收获后，根据土壤耕作层深浅来进行翻耕，要逐步增加深度避免犁底层土上翻。一般耕翻深度为 15~20 cm，深的 25 cm 左右。土壤黏重的地块，整地时要注意保墒，防止大土块架空，水分散失过多。要边翻边整，使土块达到平整、细碎。在长江中下游地区，前作收获后用拖拉机深翻 15~20 cm，要随即整平，开行播种。

（二）免耕种豆

旱地免耕种植蚕豆，主要分布在秋播多熟制地区，其中 90% 为海拔 1 500 m 以下的低山、丘陵地区和旱地。在棉花、玉米等前作收获后，为抢季节、抢墒情，通常采用免耕板地播种，不进行翻耕。播种时，首先施足基肥，基肥用量：农家肥 15 t/hm²、磷肥 225 kg/hm²。然后直接开沟播种，播后切碎秸秆撒于地表。这种免耕方式具有多种优点，有助于改善土壤结构、维持土壤适宜的孔隙度，从而满足作物生长所需的通透性。此外，免耕还能增加土壤微生物的生物量，有利于土壤微生物活动。同时，由于土壤含水量较高，对土壤温度具有越冬时升温、其他生育期降温的双重作用，从而实现显著的节水效果。据叶惠民试验，旱地连续3年免耕，能使土壤有机质增加15.27%、速效磷增加32.2%、速效钾增加19.8%。而且，免耕能增加作物对养分的吸收量，例如，免耕种植过蚕豆的，能使作物对氮的吸收量增加10.9%、对磷的吸收量增加28.95%，产量提高27.15%。此外，单位面积土壤微生物量和养分流通量也有所增加。总的来说，免耕种豆具有诸多优点。

三、蚕豆覆盖栽培

蚕豆覆盖栽培是一种重要的农业技术，可以提高豆田生态质量，满足蚕豆的生长需求，减少不利环境对蚕豆生长的影响，减轻病害，从而提高蚕豆产量和经济效益。这种方法也是国际免耕法的3个环节（免耕、覆盖和除草剂）之一。

（一）麦（稻）草覆盖栽培

麦（稻）草覆盖栽培在晴天可以减少水分蒸发，在阴雨天可以强化降水入渗，提高蚕豆生育期间的土壤含水量。此外，麦（稻）草覆盖可以平抑地温变化，缩小温差，减轻高温对蚕豆的危害，提高土壤养分。在蚕豆生长后期，麦草腐解和半腐解可以起到培肥地力的作用，改善后茬作物的土壤营养状况。麦草覆盖还可以改善土壤结构，增加土壤的持水量。

（二）地膜覆盖栽培

地膜覆盖栽培具有显著的增温保湿效果。据试验，苗期地膜覆盖可以使地表 $0\sim10$ cm 范围内的地温增加 $3.0\sim4.5$ ℃，$0\sim20$ cm 范围内的地温增加 $2\sim3$ ℃。结荚期地表 $0\sim10$ cm 范围内的地温增加 $1.5\sim2.5$ ℃，$0\sim20$ cm 范围内的地温增加 $0.5\sim1$ ℃。土壤含水量在地表 $0\sim20$ cm 范围内，苗期增加 $3\%\sim4.2\%$，结荚期增加 $1.6\%\sim11.5\%$。

总之，覆盖栽培有利于协调水、气、热，保持土壤的良好疏松状态，有利于微生物活动，促进土壤养分的充分转化，减少铵态氮的损失，提高土壤利用率，从而大幅度提高蚕豆产量和经济效益。

（三）人工春化大棚栽培

大棚栽培是利用人工低温春化技术，使蚕豆在人工条件下通过春化。一般是在 8 月中下旬开始浸种催芽。出芽后在 2~4 ℃的冷库里进行人工春化，一般经过 25~35 d，即可完成春化。9 月中下旬，可育苗或直接播种到田间，因为 9 月仍有高温天气，要注意及时灌溉并遮阳防晒。由于人工春化栽培的蚕豆，其品种都是普通的秋蚕豆品种，在气温较高的情况下，容易发生长势过旺，可结合防病，于侧枝高 15 cm 左右时，用 12.5%烯唑醇800~1 000倍液喷施 1 次。15~20 d 后，蚕豆进入结荚期前，视长势再喷施 12.5%烯唑醇600~1 200倍液，以适当控制植株的营养生长。10 月底至 11 月上旬及时上大棚膜，低温寒潮时，要及时加盖二层甚至三层膜，确保蚕豆花荚不受冻害。一般日间温度控制在 20~25 ℃，夜间温度控制在 0 ℃以上。结合整枝打顶、中耕除草和防病治虫，确保蚕豆正常生长和结荚成熟。当青荚成熟时，分批收摘，及时上市。摘除青荚的分枝，要及时剪除。

（四）免春化蚕豆大棚栽培

免春化蚕豆品种大棚栽培，蚕豆可在不经过低温春化的情况下开花结荚。一般于 8 月底至 9 月上旬浸种催芽。出芽后，用 50 穴蔬菜育苗盘育苗，每穴播种 1 粒。育苗期间注意水分管理和遮阳网防晒。种植田块要施足以有机肥为主的基肥。待幼苗有 2~3 张叶片时，即可移栽，移栽后浇定根水。叶片数达 4~5 片时摘心。根据长势和发病情况，喷施烯唑醇1~2 次。开花后 10~15 d，进入结荚期，要追施 1 次氮肥，用尿素 75 kg/hm^2。10 月底至 11 月初覆盖大棚膜保温。在冬季低温寒潮侵袭时，加盖中棚和小棚，使夜间最低温度保持在 0 ℃以上，确保花荚不受冻。12 月鲜荚即可上市。

第二节 蚕豆的轮作、间作与套种

长江下游蚕豆秋播地区的蚕豆轮作、间作和套种方式多样，如蚕豆—中稻—大麦间作绿肥或棉花；蚕豆—移栽棉花—间作绿肥；蚕豆间作绿肥—棉花—蚕豆或大麦—移栽棉花等。在北方和西北地区、西南地区，轮作方式也是多种多样。此外，蚕豆与其他作物的间作、套种也非常普遍。例如，棉花与蚕豆套作，玉米与蚕豆间作，蚕豆与小麦间作，以及蚕豆与大麦、油菜、豌豆、马铃薯、蔬菜等间作。在间作和套种时，行比因地区和作物种类而异，如蚕豆与小麦间作的行比有 1∶4、2∶2、1∶3，其中 2∶2 的比例较为理想。

一、轮作

轮作是一种在一定年限内按计划、按比例、有顺序地在同一块土地上种植不同作物的农业策略。这种策略可以根据不同的自然条件、经济条件和作物特性进行，其目的是保持和提高土壤肥力，合理利用土壤中的养分和水分，改变病菌寄生主体，抑制病菌生长，减少病虫草害的发生。同时，轮作还有利于合理均衡地使用农具、肥料、农药、水等资源，有效改善土壤的理化性状，调节土壤肥力，达到增产增收的目的。轮作的方式有很多种，包括禾谷类轮作、禾豆轮作、粮食和经济作物轮作等。这些轮作方式都有其特定的好处和应用范围。比如，禾谷类轮作可以充分利用土壤中的养分和水分，同时也有利于减少病菌和害虫的数量。而禾豆轮作则可以改善土壤的结构和肥力，增加土壤中的氮素含量，有利于提高作物的产量和质量。

我国的轮作历史悠久，早在公元前 200 年的《周官》一书中就有关于轮作的记载。而我国的农学名著《齐民要术》中也记有"每岁一易，必莫频种"和"凡美田之法，绿豆为上"等的关于轮作的重要论述。在明代，有蚕豆被用作绿肥的记载，如《农政全书》中说"苗粪，如蚕豆、大麦皆收，草粪，如翘、尧、苕，江南皆种以壅田，非野草也。"此外，还有一些耳熟能详的农村俗语如"豆茬种谷子，准备闲屋子"和"豆茬种谷，必有后福"等。

蚕豆在我国分布范围广泛，种植制度也相对复杂。主要有蚕豆与粮食作物轮作；与经济作物轮作；与油料作物轮作。这些轮作制度归纳起来主要有以下3种：①与粮食作物轮作的制度有蚕豆与水稻、玉米、薯类等粮食作物的轮作；②与经济作物轮作的制度有蚕豆与棉花、甘蔗、烤烟、蔬菜等经济作物的轮作；③与油料作物轮作的制度有蚕豆与花生的轮作。

（一）以水稻为主导的冬季作物轮作制度

夏季作物以水稻为主，冬季作物采用蚕豆与小麦、油菜隔年或三年轮作。

1. 一季中稻区

（1）第一年：蚕豆—水稻；第二年：油菜—水稻；第三年：小麦—水稻。这种耕作制度主要分布在云南、四川和长江中下游地区。轮作方式包括一季中稻与蚕豆、小麦、油菜轮作，杂交稻与豆麦轮作，双季晚稻与蚕豆套种轮作等。此外，还有水稻与豆麦轮作收蚕豆干籽的，以及蚕豆菜用鲜食和作绿肥、青饲料的，或夏季作物以水稻为主，蚕豆与豌豆与绿肥、蚕豆与油菜间作套种。

（2）第一年：蚕豆套种小麦（大麦、元麦）—水稻；第二年：蚕豆套油菜（豌豆）—水稻。这种轮作制度由于夏、冬季作物水旱交替，有利于土壤熟化、养分释放和土壤微生物的变化，不仅可以保证蚕豆等春化作物的生长发育，还能保证水稻的连续高产。蚕豆根瘤固氮，落叶肥田；熟化土壤，早熟让田，保证水稻早栽，保持稻田土壤生态平衡，将用地与养地结合起来，蚕豆起到了调节和平衡的作用。这一类地区对水稻生产稳定增长，蚕豆作出了重要贡献。

2. 双季稻区

第一年：早稻—晚稻—套菜用或肥用蚕豆；第二年：早稻—晚稻—油菜（或大麦）套绿肥。这种轮作方式主要分布在长江中下游及以南稻区。自然条件优越，人多地少，复种指数高。不论双季稻区还是单季稻区，多是水稻与蚕豆、小（大）麦、油菜轮作。

3. 再生稻区

第一年：中稻—再生稻—蚕豆；第二年：中稻—再生稻—蔬菜；第三年：中稻—再生稻套蚕豆。这种方法主要应用于一季稻热量有余、双季稻热量不足的滇南地区。在再生稻收割前套种蚕豆，共生期约 10 d。增加一季蚕豆是作为一项新技术进行推广。多为菜用蚕豆上市、秸秆作饲料或绿肥。

（二）夏季作物水旱轮作与冬季豆—麦—油轮作

1. 水旱轮作

这种轮作模式的特点是：土壤经历了干湿交替的过程，稻田经过脱水过程后，土壤胶体发生改变，变得更接近于旱地的性质。这一变化改善了土壤结构，使水分保持适宜，同时提高了土壤的可耕作性，并加速了土温上升。这有助于促进土壤有机质的积累和分解循环。在土壤长期浸水的过程中，有利于有机质的积累，使得氮含量增多，但磷和钾的含量明显较低。然而，当土壤转为旱作后，好气性细菌变得活跃，有机质分解加强，氮素得以释放供作物吸收利用，进而促进作物早生快发。加上冬季蚕豆与小麦和油菜的轮作，为夏季作物生产提供了良好的土壤基础，实现了肥、气、热之间的协调。这种轮作制度有很多种类，主要有夏季水稻、甘蔗、玉米、棉花、烤烟与蔬菜的轮作，以及冬季蚕豆、小麦、油菜的轮作。其中，夏季水稻、甘蔗的轮作模式：第一年为蚕豆和水稻轮作；第二年为小麦和甘蔗轮作；第三年为蚕豆和甘蔗（宿根）轮作。这种轮作方式主要分布在福建、广西以及滇南海拔 1 600 m 以下的地区。

2. 夏季水稻、玉米、甘薯的轮作

（1）第一年为蚕豆和水稻轮作；第二年为小麦和玉米（套甘薯）轮作；第三年为蚕豆和水稻轮作。

（2）第一年为蚕豆、早稻和甘薯轮作；第二年为大麦和小麦与晚稻轮作。

这种轮作方式主要分布在云南、贵州、四川等热量较好的地区。

3. 夏季水稻、烤烟的轮作

第一年为蚕豆和水稻轮作；第二年为小麦和烤烟轮作；第三年为蚕豆和水稻轮作。

这种轮作方式主要分布在云南海拔 1 600 m 以下地区，以及贵州、四川的烤烟产区。

4. 冬季旱地作物的轮作

这种模式因作物品种的不同而异。蚕豆种植主要影响后续作物。其根系深入土壤，固氮能力强，后效可延续数年之久。特别是对于土壤传播的病虫害，能有效进行控制。

5. 夏季水稻与棉花（或麻）的轮作

第一年为小麦和水稻轮作；第二年为蚕豆和棉花或玉米套甘薯（麻）轮作；第三年为小麦和水稻轮作。这种轮作方式主要分布在江西、江苏、浙江、湖北、湖南、四川等夏季热量较好的地区。

6. 夏季水稻与蔬菜的轮作

第一年为蚕豆和水稻轮作；第二年蔬菜种植和水稻轮作；第三年蔬菜和水稻轮作。这种轮作方式主要分布在城市郊区或蔬菜外销基地，以及农业结构调整较快的地区。

（三）旱地轮作制度

主要包括秋播地区旱地一年多熟制和春播地区一年一熟制，以及两年三熟制的轮作制度。以蚕豆秋播地区的旱地多熟制轮作制度为例，这类地区由于人多地少，轮作制度比较复杂。一年多熟，种植和管理水平高，经济条件好，投入大，效益也高。主要的轮作组合如下。

（1）第一年：种植蚕豆或套种绿肥，再种植玉米或套种甘薯、花生、黄豆。第二年：种植小麦或间种绿肥，再种植玉米或套种甘薯、花生、黄豆。第三年：再次种植蚕豆或套种绿肥，然后种植玉米或套种甘薯、花生、黄豆或套种棉花。

（2）第一年：蚕豆间种绿肥，再种植春玉米间种甘薯或春玉米套棉花。第二年：元大麦间种绿肥，然后种植玉米间种夏大豆。

（3）第一年：种植蚕豆或套种绿肥，再种植春玉米套种赤豆、大豆，然后撒播元大麦或油菜间种绿肥，最后移栽或直播棉花。第二年：蚕豆或套种绿肥，再种植玉米套甘薯或黄豆，然后种植小麦套绿肥，最后种植棉花。

（4）第一年：蚕豆或套种绿肥，再种植玉米套甘薯或黄豆。第二年：种植小麦套绿肥，最后种植棉花。

（5）第一年：蚕豆或套种绿肥，再种植玉米套甘薯。第二年：种植小麦（油菜）—花生。以上旱地轮作方式主要分布在江苏、浙江、四川、湖北、湖南等旱地多熟制地区。

在南方，由于饲料不足，为了同时保证粮食和饲料的供应，有以下的轮作方式。第一年：种植大小麦，再种植玉米套种黄豆。第二年：种植干蚕豆或鲜蚕豆间饲草紫云英、苕子用于生产青饲料，再种植青玉米—蔬菜（白菜、甘蓝、牛皮菜）。

春蚕豆地区由于高海拔、低温、干旱，但雨热同季，日照条件好，多为一年一熟制，近年发展地膜覆盖和带状种植的两年三熟，蚕豆以特有的大粒、饱满、无虫蛀著称，作为重要出口商品，而备受重视。其轮作方式主要有：①第一年：蚕豆或豌豆；第二年：马铃薯；第三年：小麦。②第一年：蚕豆；第二年：小麦；第三年：蚕豆。③第一年：蚕豆；第二年：青稞或糜子；第三年：马铃薯或油菜。④第一年：蚕豆；第二年：地膜玉米；第三年：小麦（多分布在川水地区或中位山区）。⑤第一年：蚕豆、油菜混种；第二年：青稞（多分布在高位山区）。

近年来，春播地区新发展起来的轮作制度有：第一年：蚕豆套种地膜马铃薯或地膜玉米；第二年：小麦；第三年：蚕豆套种覆膜玉米或马铃薯。

二、蚕豆的间作、套种

蚕豆的间作、套种是在混种基础上发展而来的（图5-1）。间作是指在同一块地里种植两种或两种以上生育期相近的作物，它们各自有不同的行、垄或带状种植方式，有比混播更具规范化的田间布置。套种与间作的不同之处在于，2种作物的共生期较短，生育期、播种期和收获期各不相同。在一种作物生长的行间、垄间或带间种植另一种作物，形成一定的行（垄）比例，收获期有先有后。这种方法能够争取季节，有效利用作物生长的时空分布，提高太阳能利用率，并利用间套作物苗期生长缓慢和收获作物衰老时可腾出空间的

图5-1 蚕豆间作、套种

特性，在实行带状种植的基础上进行带状轮作，把种植单位缩小，增加品种，改革熟制，实现多种多收。间作套种和带状轮作是精细农业的重要组成部分。

但是，在不同地区和不同作物间套组合的增产效果是不同的。以秋播地区蚕豆与禾本科作物、薯类、油菜等作物间作套种为例，可以充分利用蚕豆与其他作物所组成的复合群体层片结构规律，充分利用土地和光能，改善通风、透光条件，并利用蚕豆根瘤固氮，供给共生作物氮素营养，共生作物又刺激了蚕豆固氮能力。在长江流域地区，水田上多采用晚稻田套种蚕豆，稻—豆

共生期约为 15 d，水稻收获后间种小麦。据试验，套种蚕豆比收稻后种豆增产幅度要大。例如，绍兴市农业科学研究院试验表明该模式的增产幅度达 36.7%。需要注意的是，要想同时获得增产增收效果，必须注意品种选择，考虑 2 种作物有一定的共生期，一定要注意选择株型紧凑、矮秆的品种。在旱地上，多采用豆棉、豆麦、豆苜蓿等间套种。同时要注意栽培技术的改进，使之适应间作套种的要求。

三、蚕豆混作

蚕豆混作，是指在同一田块里，将蚕豆与其他作物在同一时期种在一起的种植方式。这种种植方式形成了复合群体，是复合种植的一种形式。例如，在蚕豆的秋播区，蚕豆可以与大麦、小麦、油菜、豌豆、紫花苕、草木樨和野豌豆（马豆草）等作物混合种植。在长江流域地区，为了利用两季剩余的热量条件，提高土壤肥力，增加一季绿肥，通常采用蚕豆与绿肥混合种植，蚕豆摘青，茎秆连同绿肥作为肥料，这种种植方式在很多地区一直沿用至今。蚕豆与绿肥的双重收获解决了用地与养地的矛盾。

蚕豆与绿肥的混合种植，在技术上需要注意控制绿肥的播种量，一般以播种 $15 \sim 20$ kg/hm^2 为宜。如果播种量过高，由于蚕豆后期植株增高，遮阳较大，有效分枝、荚果和籽粒可能会低于净种。在播种期上，通常在前作收获前 $10 \sim 15$ d 播种。有些地方先播种蚕豆，然后播种绿肥；有些地方同时播种；还有些地方先播种绿肥。

蚕豆复合种植需要明确主要作物，以主要作物的管理措施为主，兼顾副作。以蚕豆为主作的，要选择前期生长缓慢、收获期相同或相近的作物，实现优势互补。例如，蚕豆与油菜混播，油菜前期生长缓慢，苗期匍匐，抽薹后，生长进度加快，可在蚕豆收获前收获。同时，蚕豆与油菜的混合种植，蚕豆根瘤可以固氮，而油菜需要大量的氮肥，可以实现两者的互补。

第三节 蚕豆的播种

一、播种前的准备工作

(一) 种子的准备

1. 选好种子

选择符合生产目标需要的优质、高产、抗性好的品种。留种的种子必须进行过株选、荚选。采购的种子必须从正规的种子经营单位购买，并保留发票等凭证。在播种前要进行粒选，要选择具有本品种特征、籽粒大、饱满、有光泽、无破损、无虫眼、无病斑、无其他杂质、发芽率高的种子，并进行发芽率试验，计算种子的发芽率和发芽势，确定实际需要的种子用量。

2. 做好种子处理

播前要抢晴天暴晒 1~2 d，以促进种子营养物质转化，加快吸胀速度，提高发芽率。蚕豆生产新种植区和有条件地区还应进行根瘤菌拌种。

慈溪市通过研究，发现播种前用开水烫种可以有效提高种子的发芽率，并且杀死潜伏在种子上的虫卵和病菌。开水烫种的试验于 2019 年 1 月进行。每个品种各设 5 个处理，每个处理 250 g 干豆种，分别为 0 s、15 s、30 s、45 s、60 s 用 100 ℃开水烫种，每个处理开水用量为 2 kg。烫种后常温冷却，继续用冷水 2 kg 浸种 24 h。放入 20 ℃培养箱催芽，观察记载每天的发芽数，统计发芽率。结果发现开水烫种不同程度提高或影响蚕豆的发芽率，且 2 个品种差异较大。慈溪大白蚕开水烫种后 3 d，15 s、30 s 处理的发芽率分别为 96.7%、93.4%，较 0 s 处理分别提高 19.1、15.8 个百分点，差异极显著；45 s 处理较 0 s 处理提高 12.1 个百分点，差异显著；60 s 处理明显影响蚕豆发芽率，较 0 s 处理降低 32.8 个百分点。'陵西一寸'开水烫种后 3 d 的发芽率提高效果不明显，5 d 后

30 s 处理的发芽率为 90.6%，较 0 s 处理提高 18.2 个百分点，差异极显著，以后 2 d 的差异也达显著水平。'慈溪大白蚕' 30 s 处理 4 d 芽长为 2.10 cm，比 0 s 处理长 0.35 cm；15 s 处理 5 d 芽长为 2.23 cm，比 0 s 处理长 0.25 cm。'陵西一寸' 15 s 处理 4 d 芽长为 1.58 cm，比 0s 处理长 0.26 cm。如表 5-1 所示。

表 5-1　2 个蚕豆品种开水烫种不同时间处理的发芽率与发芽长度表现

品种	处理(s)	处理后不同天数发芽率（%）					处理后不同天数芽长（cm）				
		3 d	4 d	5 d	6 d	7 d	3 d	4 d	5 d	6 d	7 d
慈溪大白蚕	0	77.6bB	79.8bB	80.3cC	82.0cC	84.2cC	1.30	1.75	1.98	2.08	2.20
	15	96.7aA	98.3aA	98.9aA	100.0aA	100.0aA	1.20	1.64	2.23	2.38	2.50
	30	93.4aA	96.1aA	97.2aAB	98.3aA	99.4aA	1.10	2.10	2.12	2.20	2.45
	45	89.7aAB	98.9aA	100.0aA	100.0aA	100.0aA	0.70	1.08	1.58	1.82	2.02
	60	44.8cC	76.0bB	89.6bB	91.3bB	94.5bB	0.50	0.70	0.98	1.00	1.20
陵西一寸	0	47.6aA	62.9aAB	72.4bcB	77.1bAB	71.1bB	0.30	1.32	1.80	1.90	2.10
	15	51.4aA	70.5aA	76.2bB	82.4abAB	88.6aAB	0.30	1.58	1.86	2.07	2.30
	30	48.1aA	72.6aA	90.6aA	92.5aA	94.5aA	0.50	1.28	1.46	1.63	1.80
	45	10.6bB	47.1bBC	65.4cB	72.1bB	78.8bB	0.30	0.85	1.24	1.35	1.42
	60	13.3bB	30.5cC	41.0dC	46.7cC	56.2cC	0.20	0.66	1.04	1.20	1.40

注：同列数据后不同大、小写字母分别表示组间差异极显著（P<0.01）和显著（P<0.05）。下同。

开水烫种，不仅影响发芽率，还影响成苗和营养体长势，由表 5-2 可知，不同时长开水烫种处理对于正常发芽的种子而言，成苗无优势，而且 60 s 处理的 2 个品种的成苗数均受较大影响。慈溪大白蚕成苗数：15 s、30 s 处理与 0 s 处理基本接近，45 s 处理较 0 s 处理降低 16.0%，60 s 处理较 0 s 处理降低 56.0%；'陵西一寸'成苗数 30 s 处理与 0 s 处理基本接近，15 s、45 s、60 s 处理比 0 s 处理分别降低 7.0%、32.6%、51.2%。

表 5-2 还表明，开水烫种处理后 2 个蚕豆品种的生长表现不

尽相同。'慈溪大白蚕' 30 s 处理的单株鲜生物量较 0 s 处理增加 8.2 g，但差异不显著；'陵西一寸' 15 s 处理的鲜生物量最大，为 397.8 g，较 0 s 处理增加 74.0 g，差异极显著。

表 5-2 2 个蚕豆品种开水烫种不同时间处理的成苗与生长势

品种	处理(s)	发芽种子数(粒)	正常成苗数(苗)	株高(cm)	茎粗(mm)	节间数	始花节位	单株鲜生物量(g)			
								根重	茎重	叶及其他器官	总重
慈溪大白蚕	0	50	50	56.6	8.0	9.8	4.3	23.1	171.0	137.7	331.8abA
	15	50	46	53.0	7.8	9.6	4.4	21.0	133.7	123.2	277.8cA
	30	50	46	55.9	7.9	9.0	4.9	25.6	169.8	144.6	340.0aA
	45	50	42	51.5	8.5	8.9	4.8	17.5	137.3	131.9	286.7bcA
	60	50	22	34.2	7.8	7.3	4.2	14.6	62.6	87.3	164.5 dB
陵西一寸	0	50	43	45.5	8.0	9.3	4.8	19.7	152.3	151.8	323.8bB
	15	50	40	46.3	7.9	9.4	4.3	20.8	197.3	179.7	397.8aA
	30	50	42	38.3	7.8	8.7	4.6	20.7	124.8	142.9	288.4bB
	45	50	29	23.9	6.2	6.6	3.7	12.9	59.2	97.9	170.0cC
	60	50	21	27.2	7.2	6.6	3.9	9.1	40.3	64.3	113.7dC

（二）耕地的准备

要选好轮作茬口、找好水源，修整灌溉渠道，做好水源与耕地的连接，组织前茬收获腾田。稻田种蚕豆的，播前 5~7 d 清理沟渠，排水晾田；板田种豆的要划好沟线，准备好开沟翻耕设备；间作套种的要整理好种植带土壤。整地时注意土壤保墒。复合种植则要留好间套作的垄沟。

（三）肥料、覆盖物的准备

按照计划准备好过磷酸钙、硫酸钾，以及农家肥、根瘤菌、生物钾肥等。需要覆盖的准备好覆盖物。需要化学除草的，准备好农药，播后芽前进行土壤处理。其他要用的物资，包括各种耕作机械及操作工具都要准备好。

二、播种

（一）确定最佳播种期

我国地域辽阔，气候类型复杂，根据蚕豆生长发育和气象条件的不同，蚕豆分为秋播和春播 2 个生态区。

1. 秋播地区

主要包括云南、四川、湖北、湖南、江苏、浙江、上海、安徽、广西、贵州、江西、陕西南部等地。这类地区，在气温上，具有马鞍形的特点。播种期间温度较高，14~17 ℃，以后逐渐下降，至 1 月处于低温低谷期，以后逐渐上升，直到收获。生育期间平均气温 10~12 ℃，1 月平均气温>0 ℃。秋播地区主要集中在寒露、霜降节令（10 月 8 日至 11 月 6 日），春播地区在稳定通过 0 ℃以后，处于土壤解冻时期，即惊蛰至清明节令（3 月上旬至 4 月中旬）。

由于各地气候条件的差异，秋播地区又可分为 3 个亚区：

（1）长江中下游亚区。主要分布在长江中下游地区，包括上海、浙江、江苏、安徽、江西、湖北、湖南等地。

（2）西南山地丘陵亚区。主要包括云南、贵州、四川西部高原和陕西汉中地区。

（3）南方丘陵亚区。包括广东、广西、福建、台湾等地。

浙江属长江中游地区，1 月平均气温 0~5 ℃，蚕豆生育期温度≥5 ℃积温 1 200~1 300 ℃·d，多用冬性较强品种。越冬期地上、地下部分生长缓慢。冬季遭遇-7 ℃概率大约为 1/3，生殖生长的致死温度为-4 ℃，几乎年年都有低温冻害对蚕豆生产的胁迫。经试验与大量生产实践证明：最适宜播期的确定应根据当地气温、海拔、纬度而定，确保生殖生长期避开低温冻害。浙江和这一地区的上海、江西、湖南一带的蚕豆播种期以 10 月中下旬较为适宜；这一地区的江苏南通、盐城、靖江、常熟则以 10 月上中旬播种为宜；长江上游的贵州、四川东部以 10 月下旬播种为宜。

2. 春播地区

包括甘肃、内蒙古、青海、山西、陕西北部、河北北部、宁夏、新疆、西藏和川北地区。气温低，冬季严寒，光照充足，降水量少，无霜期短，年均温 5.7~13.9 ℃。

光照条件是春播地区的一大优势。蚕豆生长期日照可达到 2 000~3 000 h，对蚕豆生长发育极为有利。这类地区播种要把握住全年高温时段，避开两头低温，争取需水临界与雨水集中期相遇。播种期以在气温稳定通过 0 ℃，土壤解冻后的惊蛰、春分、清明节令（3 月上旬至 4 月中旬）播种为宜。当年 8 月收获。

（二）选地整地、施足基肥，精细下种

蚕豆要选取土壤肥沃、阳光充足的地块种植。前茬为旱地的蚕豆田，前茬作物收获后视土壤墒情决定是否进行旋耕或免耕直播。秋蚕豆播种季节多干旱少雨水，如果前茬收获后土壤水分含量在40% 以上则进行直播。反之，则需在播种前 3~5 d 旋耕并在旋耕之前施用一定数量的农家肥（不低于 1 t/亩）或复合肥（15：15：15）15 kg 作为底肥，之后进行旋耕，保证旋耕深度不低于 10 cm，旋耕后的地块可以按照畦面 2 m、沟宽 0.3 m 进行整理、晾晒，再将土壤整细、整平并清理边沟。前茬为水稻的蚕豆田，水稻收获后抢墒播种，采取直播或起垄播种。蚕豆稻后免耕直播栽培是在水稻收获后不进行翻耕（旋耕），按畦宽 2 m 进行的厢面种植蚕豆，蚕豆种植所需行距在作畦前划好，沟的宽度、深度视地块而定，冬春干旱少雨区域，以沟宽 0.3 m、沟深 0.3 m 为宜，地势较为平坦且秋季降雨稍多区域则适当增加沟的深度，以沟宽 0.5m、沟深 0.4 m 为宜，蚕豆播后在畦面上撒施农家肥后再进行挖沟，挖出的土壤破碎后散播于畦面上。稻田起垄播种主要是在地势较为平坦地区，水稻收获后田间积水较多，将田块按照 80~100 cm 的宽度起垄，垄高 20~25 cm，沟宽 40~50 cm。

'慈溪大白蚕' '慈蚕 1 号' '慈科蚕 2 号' 等品种适合在多种土质种植，在浙江慈溪，其最适播期为 10 月下旬（霜降前后）为宜。蚕豆的生产应避免早秋播种，以避免蚕豆越冬前营养体过大或春季发育过早而遭受低温霜冻危害。此外，采用"蚕豆稻后免耕直播栽培技术"种植的蚕豆，最适播期为水稻收获后 15~20 d，需要根据田块的含水情况来选择具体播期，田块出现淹积水情况或者田块已经干涸出现细小裂缝均不适宜播种，稻田起垄种植蚕豆则在起垄后即可进行播种。播种时，精细下种，可采用机械开沟点播或人工打孔点播。播种深度以 5 cm 左右为宜，沙地稍深，黏土、壤土稍浅。

（三）合理密植

蚕豆生产是以群体为对象进行种植和管理的。在群体结构中，个体与个体、个体与群体之间有着密切的相互关系。合理密植，协调个体和群体关系，建立合理的群体结构，是提高光能利用率的主要措施。

影响合理群体结构的可变因素很多，不同品种、不同生态类型之间，相同生态类型的不同地区之间，同一地区不同土壤肥力之间，差异很大。根据品种特性、土壤和水肥条件，以充分利用太阳能，提高光能利用率，协调蚕豆个体和群体生长为原则，合理密植，建立合理群体结构是区域性、实践性很强的增产措施。

1. 影响蚕豆栽培密度的因素

（1）品种：不同生态区形成不同的生态类型品种，不同的类型和品种，要求不同的群体结构。在类型上，冬性品种由于分枝多，春性品种由于单株结荚率高，一般要求栽培密度较低。半冬性品种受环境影响较大，密植程度差异较大，总体密植水平较高。相同生态类型的不同品种，由于株高、分枝、结荚和粒重情况差异，也形成了不同的群体结构要求。

（2）气候条件：气候条件方面，对密度的影响，主要是气温的影响。而气温又同所在地区的海拔高度密切相关，有关试验与实践的数据表明：海拔每上升 100 m 气温会下降 0.6 ℃。随着海拔升高，蚕豆有效分枝数增幅愈少。因此，冷凉及低产地区要增加有效分枝数，必须增大栽培密度以增加基本苗。此外，早播由于蚕豆生长期平均气温高，植株高大，分枝多，密度要低一点；迟播则反，密度要大一点。一般早迟播间基本苗差异为±15%左右。

（3）土壤肥力：土壤肥力对蚕豆产量的影响较大。不同土壤肥力对蚕豆营养体的影响主要是株高、分枝和茎粗，在经济结构上主要是有效枝、荚、粒数和百粒重。随肥力下降而这些性状指标会随之减小。据叶茵等试验：在15万~45万株/hm² 范围以内，以15万株为基数，密度增加3倍（45万株/hm²），高、中、低肥力土壤株高分别上升23.8%、20.3%和9.7%，茎粗分别下降57.9%、47.1%和16.1%，总分枝数分别减少57.90%、24.3%、93.6%，株实粒数分别减少57.0%、24.1%、25.9%，株粒重分别减少333.6%、167.2%和95.0%。高肥力田随群体增加，单株生产率急剧下降，超过最佳密度增加幅度，下降373.6%。密度越高，植株越高，下部荫蔽严重，单株生产力下降。因此，高肥力田必须以主攻单株结荚率和实粒数为目标，控制营养体促进同化物向主库荚粒输送，以此增加单株总粒数，提高收获指数。低肥力或物理性状较差的胶泥田则相反。

2. 确定合理的栽培密度

根据试验和大量的生产实践：长江流域秋播蚕豆产区，如果蚕豆整个生育期间土壤水分含量能保持50%~60%，除专门采收干豆的以外，品种以特大粒和超大粒型为主，田块肥力水平中等的，可以采取低密度种植（1 800~2 300株/亩），以种植2 000株/亩计算播量，用种量3~5 kg/亩。播种方式上，旱地可以采取打孔穴播（1粒/穴）或者条播；实施"稻后免耕直播"的，则以水稻稻茬为走向进行播种，1粒/穴。江苏、浙江、上海、安徽等区域以超大粒种（干籽粒百粒重>180 g）类型为主的，净作行距可保持100 cm，株距30~35 cm，密度为2 000~2 200株/亩，用种量4 kg/亩左右，肥沃土壤还可适当放宽行距、缩小株距。

慈溪地属长江中游平原，常年温光条件和土壤肥力水平良好，根据慈溪市农技推广中心多年实践，慈溪的主栽品种慈溪大白蚕、慈蚕一号，均属冬性。栽培密度不宜太高，种植密度宜在 2 200~2 300 穴／亩。株行距 100 cm×30 cm 为宜。与其他作物间套作时，种植密度可根据间套作物的要求，通过改变株行距的布局进行调整。

第四节　蚕豆的宽窄行种植与肥水管理

一、宽窄行种植

相同密度、不同田间种植（配置）方式，形成不同受光态势、不同的同化率和不同光合生产率，运用边际效应的原理进行规范化宽窄行条播是一条重要的增产措施。据夏明忠等研究，籽粒充实期蚕豆群体干物质随密度加大而提高，同一密度下，宽窄行播种干物质高于等行播种；株高也随密度加大而增高。群体叶面积和绿叶干重主要分布在 40~80 cm 层，茎秆干重从基部向上逐渐减少，呈宝塔形。不同密度相比，高密度植株荚果部位提高，主要分布在 60~80 cm；低密度荚果分布松散，从基部 40 cm 以上。但是有些中小粒型或大粒型的品种，可一直结荚到顶端。密度加大，黄叶增加，甚至 60 cm 层也有黄叶分布。通过宽窄行播种，黄叶降低，而且分布层次也降低，荚果分布也较松散。试验表明，宽窄行种植比等行种植明显增产。宽窄行能够增产的原因，主要是改善了光能分布，提高了中后期叶面积系数，因为群体叶面积和绿叶干重主要分布在 40~80 cm 的层面上，宽窄行降低了黄叶数量，增大了光合势和同化率，使群体光能分布层次降低，延缓叶片衰老，提高了光能利用率，从而提高单株结荚数、实粒数、百粒重和收获指数。所以宽窄行明显优于等行距种植，一般能增产 10%~40%。

二、肥水管理

（一）水管理

水是蚕豆光合作用的基本原料，是新陈代谢过程的反应物质，也是生化反应和物质吸收、运输的溶剂。蚕豆是需水较多的旱地作物，对水的需求高于玉米、油菜，略低于小麦。据测定，蚕豆95%灌溉保证率为每公顷 3 150 m^3，玉米、油菜和小麦分别为 2 275 m^3、3 000 m^3 和 3 750 m^3。如蚕豆严重缺水，会降低蚕豆各种生理过程：气孔关闭，减弱蒸腾降温作用，导致叶温升高，降低光合作用，扰乱氮素和脂类代谢，从而损伤细胞膜；叶片失水过多时，原生质脱水，叶绿体受损，气孔关闭，光合作用和叶绿素形成受抑制。而且干旱会导致植株内部水分重新分配，幼叶向老叶夺水，促使老叶死亡，光合面积减少，胚胎组织细胞的水分被分配到成熟细胞中而造成落花落荚，影响蚕豆的品质和产量。因此，在蚕豆栽培管理过程中，必须重视蚕豆生长发育时水分的管理。

我国蚕豆主产区的主要胁迫因素是干旱，但局部地区也存在渍害。蚕豆虽然耐湿性较强，根系在无氧情况下可存活 12～48 h。但由于我国各地降水的时空分布不均，一些地区季节性降水过于集中，地下水位高，地面径流不能及时排出，往往形成积水，造成渍害；发生渍害时，土壤含水量过大，蚕豆根系长期处于低氧状况（3%以下），不仅氧气供应失调，也会使土壤中水、肥、热关系失调，植株根系分泌细胞数目含量低，根瘤发育不良，根系、根瘤活性下降，地上部分生长受抑制，花粉败育，胚珠受精率下降，种子数减少或落花落荚，排除渍害之后还不易恢复，从而导致减产。如果雨量特别多、空气湿度特别大，盛花期再渍水 10 d，则可能造成大幅度减产。

除偶发渍害外，不良灌溉及灌溉之后不能及时排除多余水分，也是造成渍害的原因。因此注意在干旱情况下蚕豆水分外，还必须重视积水过多对蚕豆的危害。一旦蚕豆地积水过多或发生涝情或渍水，必须及时排除。

蚕豆的水管理要掌握好以下 3 个环节。

1. 渠沟合理布局，能排能灌

播种前整修渠道，与灌区相接。播种时留好田间排灌沟，与排水渠相连，能排能灌。灌溉前清理沟渠，速灌速排。

2. 灌排及时，注重效益

根据实际情况进行灌排，蚕豆要抢墒播种，在出苗期要确保土壤潮湿以利出苗；花荚期时视土壤墒情及时安排灌好结荚水，保证蚕豆灌浆充分，以获得尽可能高的百粒重，避免花荚期出现大量落花落荚情况；遇干旱无雨时要及时浇水灌溉。旱年可提前灌开花水，雨水多的年份可推迟灌鼓粒水。春播地区降水与临界期相遇，前期干旱的灌好蕾水。偶发性干旱地区则应注意苗情及时灌水。

3. 速灌速排，不留田间积水

蚕豆需水灌溉时多处于大气干旱和土壤干旱期，土壤吸水量大，速度快。要速灌速排，避免过多水分在田中滞留，形成土壤水、气、热新的失衡。遇潮湿多雨的环境时，要注意清沟理墒，防止田间积水。

（二）科学用肥

1. 蚕豆对肥料的需求

我国传统的蚕豆栽培，不施或很少使用肥料。20 世纪 60 年代末期才在部分地区推广使用磷肥，80 年代后全面推广，并配合施用氮、钾肥料和有机肥料，使蚕豆单位面积产量得到提高。据统计，秋播地区的浙江、四川、云南三省在不施肥的情况下单产分别只有 718.5 kg/hm^2、840 kg/hm^2、1 074.1 kg/hm^2。广泛施磷、钾肥和部分地区施氮肥后，单产分别比 20 世纪 50 年代提高了 82.7%、97.3%、46.0%。

蚕豆常用肥料分为三大类：第一类是无机肥料，如尿素、过磷酸钙、硫酸钾以及微量元素钼酸铵、硼砂等；第二类是有机肥料，如人粪尿、厩肥、家畜粪尿、绿肥、堆肥、沤肥、饼肥、土杂肥等；第三类是菌肥，常用的是复合微生物肥料，如根瘤菌肥、磷细菌固氮菌肥等。

各种肥料中含有不同的营养元素，各种营养元素具有不同的作用。

（1）氮素：对于蚕豆的生长和发育起到了至关重要的作用。蛋白质、核酸、叶绿素、多种酶和维生素的构成都离不开它。据试验，生产100 kg的蚕豆籽粒，需要从土壤中吸收氮素7.8 kg。而蚕豆氮素的来源：一是从土壤中吸收，二是根瘤固氮，三是增施氮素。根瘤在蚕豆生长的不同阶段，固氮量是不相同的。3叶期后，根瘤菌开始进入根部，逐渐形成根瘤，开始固氮。在开花期，根瘤数量及固氮量达到最高峰，而在结荚后固氮力会有所下降。蚕豆在现蕾后生长迅速，株高增高，花荚大量出现，干物质积累急剧增长，花荚期争夺同化物十分激烈。据测定，蚕豆自现蕾至始花阶段，植株含氮量、叶绿蛋白含量维持较高水平，而在花期则不断下降，至结荚后回升。心叶下第三展开叶的叶绿素含量在盛蕾与结荚期达到高峰。然而，在这个时期，蚕豆的固氮变化规律与其本身吸氮规律却不协调。虽然在苗期固氮能力弱，但子叶仍可供给营养。而结荚后，根瘤固氮不能满足生长发育的需要，因此在生长发育后期需要适当补充氮素肥料。蚕豆根瘤所固定的氮素有 1/2~3/4 供蚕豆吸收利用。如果蚕豆所需氮肥不足，需要靠外部输入来补充。但如外施氮肥量过多，对于具有共生固氮功能的根瘤菌却有一定抑制生长的作用。对于氮肥的施用，一定要讲究科学合理。氮素化肥一般不作种肥。作为基肥时，氮素化肥要与农家肥或磷钾肥混合后施用；作为基肥要深施，以免影响根瘤生长，并有利于根系伸长后吸收；氮素化肥作为追肥时要兑水，于苗期或花期浇施，施用期应比追施其他速效肥提早3~5 d。随着蚕豆生育进入后期，田野上的蚕豆植株愈加密集，这使得向土壤中施用氮肥变得困难。此时，蚕豆的根系吸收养分的能力逐渐减弱，难以从土壤中获取足够的营养。为了及时补救这一养分的不足，根外追肥成为了一种简便易行且高效的方法。蚕豆的叶面积在这个阶段变得相当大，而且角质层相对较薄，这使得溶液更容易渗透到叶片中。通过根外追肥，可以有效地为蚕豆提供所需的养分，从而改善其生长状况并提高产量。这种方法不仅及时补充了蚕豆所需的养分，还能够显著提高蚕豆的产量和质量。因此，在蚕豆生长的后期，根外追肥是一种非常有效的措施。它不仅解决了追施氮肥的困难，还弥补了根部吸收养分的不足。这种施肥方式能够迅速被蚕豆吸收和利用，从而使其在短时间内恢复正常的生长状态。同时，根外追肥的使用还能够提高蚕豆的抗病能力和抗逆性，使其在恶劣的环境条件下仍能保持良好的生长态势。

（2）磷素：磷是构成核酸、核蛋白、磷脂、核苷酸衍生物（ATP）和有机磷化合物的重要元素。磷参与碳水化合物的运输；参与氮的代谢，能提高根瘤菌的固氮活性和固氮量；磷参与脂肪代谢，促进花芽分化，缩短花芽分化时间；磷能提高原生质胶体的水合度和细胞结构的充水性，使其维持胶体状态并增加原生质对局部脱水和过热的抵抗性，促进根系发育，从而增强抗旱性。磷能提高作物体内可溶性糖的含量和磷脂的含量，从而使细胞原生质冰点下降，增强抗寒性。我国土壤中含磷量大体趋势是：从南到北，从东到西有逐渐增加趋势。黄淮丘陵平原由黄土发育的黄棕壤、白土含磷量也较低，一般在 0.05%～0.12%；长江中下游冲积平原土壤含磷量较高，大多在 0.10%～0.16%。根据最新的土地地力调查，慈溪市土壤速效磷含量在 10 mg/kg 以上的土壤地力监测点占绝大多数。

蚕豆是吸磷能力较强的作物，施用磷肥的增产效果比施氮肥更为明显。磷肥一般作基肥施用，有研究表明：磷肥作基肥效果优于追肥，有增加植株高度，增加总分枝、有效分枝、单株有效荚、单株实粒数、百粒重的效果，并且能减轻蚕豆苗期根病和后期叶病的作用，磷钾混合施用效果更为明显，根部发病率下降 38.21%，病指下降 46.54%，比对照增产 36.5%。

磷肥在土壤中容易被固定，土壤中有效磷在一定条件下转化为作物难以吸收利用的形态，因此磷的利用率低，一般为 10% ~ 35%。为了增加磷肥的有效性，提高利用率，应尽量增加与根系的接触面以利于吸收，尽量减少与土壤的接触面以减少固定。磷肥的施用时期，以作基肥和种肥为宜；磷肥用量以施过磷酸钙 375 ~ 450 kg/hm² 为宜，有效磷含量丰富的土壤可适当减少用量；在磷肥的施用方法上，宜采取穴施、沟施、条施，施于根系附近，并与有机肥料、钾肥混合施用。

（3）钾素：钾是多种酶的激活剂，能促进光合作用和糖代谢，推动蛋白质合成，显著提高作物对氮的吸收利用率，并快速转化为蛋白质。钾能增强植株的抗逆性和抗病能力，减少水分蒸腾损失，提高作物的抗旱能力。钾能增强作物细胞生物膜的持水能力，维持稳定的渗透性，从而提高作物对干旱、霜冻等不良环境的抗逆性。当钾供应充足时，植株体内可溶性氨基酸和糖的含量会减少；钾供应充足，植物细胞壁增厚，从而增强抵抗病菌侵入的能力和抗倒伏能力；钾供应充足，植物组织中酚类化合物增加，从而增加对病虫害的抗性。

我国土壤的含钾量总体趋势是由东到西、由南到北逐渐增加。东南地区土壤含钾较少，西北地区含钾较多。就土类而言，江西、湖南、浙江西部和湖北丘陵分布的土壤及江淮丘陵地区的黄棕壤含量一般属中等；四川、湖南分布的紫色土，山东、安徽、四川、甘肃、陕西分布的褐土含量较多。就全钾含量而言，凡是大于 2.2% 的属高量，小于 1.4% 属低量。

土壤质地也是影响土壤供钾能力的另一因素。有人据此提出了不同土壤质地钾临界值指标：沙土—壤土为 85 mg/kg；砂壤土—重壤土为 100 mg/kg；粉沙壤土—黏土为 125 mg/kg。

施用钾肥可以使花期和结荚期更加集中。施用钾肥后，叶总重、地上总重、根总重、根瘤总重都有所增加，具有明显的增产作用。但施用钾肥也有讲究：施用时间宜早不宜迟，施肥时间越早，防病效果越好，能达到高效、低成本的效果；施用量应根据土壤钾素丰歉程度、历年发病程度以及轮作及前作施钾情况决定，土壤中全钾和速效钾含量都较低的土壤，历年发病严重的田块宜重施，不少于 225 kg/hm²；发病轻的田块宜轻施，一般不高于 150 kg/hm²。施用方法上，作种肥时切忌与种子直接接触，以免灼伤种芽造成缺苗；作基肥时钾肥与磷肥混合后结合蚕豆条播，用肥时按行距要求在面上划线。在距肥线 2~3 cm 的地方播种。采用打孔穴点播的方式，可以直接将钾肥施在孔穴中，而种子则播在两侧。在分枝期和现蕾期时，为了施肥方便和防止疾病增加产量，最好用水将肥料溶解稀释后再浇灌。如果没有水源保证，可以采用结合人工薄锄的方式将钾肥施在根际附近或打孔穴施。但是这种做法费工费时，肥效比较缓慢。

（4）微量元素肥料：微量元素肥料主要包括铁、锰、硼、锌、铜、钼等元素，在蚕豆的生长中具有重要作用，其中，钼肥和硼肥的应用较为广泛。

钼是硝酸还原酶的组成元素，能促进硝态氮的同化作用，参与体内硝酸还原过程，促进作物体内氮的代谢，有利于蛋白质的形成。钼也是固氮酶的组成元素，适量施用钼肥能够提高固氮量 2~7 倍。蚕豆缺钼时，叶色变黄，根瘤不发达，且呈细长形、数量少、色黄。在农作物中，蚕豆施钼效果最好。施用磷肥能明显促进对钼的吸收，钼磷钾协同能够增加蚕豆产量。据夏明忠等（1984—1985）的研究，用 0.05% 或 0.1% 钼酸铵浸种 24 h，种子产量和百粒重分别增加 22% 和 11%。植株干重、叶绿素含量和光合速度提高。常用的钼肥是钼酸铵 [(NH$_4$)$_2$MoO$_4$]，含钼 49%、氮 6%，易溶于热水。通常用作种子处理和根外追肥。浸种浓度一般为 0.05%~0.10%，浸种 12 h 左右。拌种量一般为每 1 kg 种子用钼酸铵 2~4 g，先将钼酸铵用少量热水溶解，再用冷水稀释后拌种。根外追肥一般用 0.01%~0.10%，以 0.05% 效果最好，每次喷液 750~1 050 kg/hm²。需要注意的是，钼对人、畜有毒，经过钼肥处理过的种子不能食用或作饲料。

除钼之外，硼也是蚕豆生长中不可或缺的一种微量元素。硼能促进生殖器官的正常发育，促进花粉的萌发，提高结荚率，促进碳水化合物合成运输，并影响根瘤菌的活性，影响生物固氮。如果蚕豆缺硼，首先在老枝条上会出现缺氮症状，其后才出现缺硼症状。早期土壤中氮充足时，蚕豆能正常生长，当土壤中氮消耗后，植株必须依靠大气中氮的固定来满足供应。由于缺硼使根瘤固氮酶活性降低，不能供给植株足够的氮而使老枝表现缺氮出现均匀失绿症。

硼肥包括硼砂、硼酸，一般作基肥、种肥施用或作种子处理和根外追肥。作根际追肥宜早施，且效果较好。对于上年表现出明显缺硼症状的蚕豆田块，需要在播种时施用 $12 \sim 18 \ kg/hm^2$ 的硼砂，与磷钾肥或适量的干细土充分混合后，沿着播种行施成肥料线。播种时，种子应距离肥料线 $2 \sim 3 \ cm$。开沟取土并细碎后覆盖在墒面上。在盛花期，再施用 $3 \ kg/hm^2$ 的硼砂，配制成 0.2% 的水溶液后进行叶面喷施。对于无明显缺硼症状的田块，可以在现蕾到开花期使用 $1.5 \sim 3.0 \ kg/hm^2$ 的硼砂，配制成 0.2% 的水溶液后进行叶面喷施。

（5）有机肥：有机肥是一种非常重要的肥料，它能够改善土壤结构，提高土壤的肥力，并且能够补充作物所需要的养分。使用有机肥可以维持地力的长久不衰，从而实现耕地永续利用和生态平衡的综合效应。而单纯依靠化肥来提高作物产量则会加剧生态破坏、能源危机和资源枯竭等问题。

有机肥的肥源广泛，养分全面，肥效持久。它不仅含有作物生长所需要的大量元素，如氮、磷、钾等，还含有中微量元素，如硫、钙、镁、锌、硼、钼、铜、铁等，能够满足作物生长各时期的养分需要。施用有机肥的土壤一般不易发生中微量元素的缺素症，能够防止蚕豆缺钾、缺硼等缺素症的发生。有机肥与化学肥料配合施用能达到标本兼治的目的。

有机肥的种类很多，包括家畜粪尿肥、厩肥、堆沤肥、人粪尿、绿肥、草木灰肥、泥炭及腐殖酸肥料、泥杂肥等。有机肥对改善土壤结构、培肥地力有着不可替代的作用。

在蚕豆的生产过程中，施用有机肥需要注意以下几个问题：第一，土壤瘠薄、土质黏重、缺素严重的田块应在当季施用，一般大田最好在上季作物施用，蚕豆主要利用其后效。第二，有机肥应与化学肥料配合施用，使两者取长补短，缓急相济，充分发挥肥料的增产效应。第三，根据蚕豆需磷钾多而需氮量少的特点，应首先选用当季磷、钾利用率高而氮利用率低的有机肥料，如厩肥、家畜粪尿、堆沤肥等在蚕豆上施用。

在施用技术上，一是厩肥中各种养分的当季利用率不同，磷、钾利用率高一些，氮的利用率低，厩肥是蚕豆生产首选有机肥料；厩肥和家畜粪中养分释放缓慢，一般作基肥施用，也可作追肥，但肥效较作基肥施要低；人畜尿宜作追肥。二是厩肥有机质含量高，改土作用突出，首先安排在肥力低的土壤和黏重的土壤；冷浸田、烂泥田宜施用羊、马厩肥和鸡粪等热性有机肥料。蚕豆生长在阴湿的环境中，播种时地温较低，施用羊粪、马粪等热性肥料可以改善土壤质量，促进幼苗生长。厩肥或畜粪作为基肥要集中施用，采用沟施或穴施的方法，施用量 $15\sim30$ t/hm^2。将厩肥或畜粪与磷钾肥巧妙搭配施用，可减少固定，提升磷的利用率，实现肥效互相促进，达到缓急相济的效果。

（6）菌肥（微生物肥料）：菌肥是利用土壤中有益微生物制成的生物性肥料，包括细菌肥料和抗生菌肥料。菌肥的性质与其他肥料不同，本身并不含有大量营养元素，而以微生物生命活动的产物来改善植物的营养条件，并发挥土壤潜在肥力的作用，从而获得作物增产。

在蚕豆上主要应用根瘤菌。根瘤菌肥料是最先使用的一类细菌肥料，据甘肃省生物所王清湖等人研究结果，接种蚕豆根瘤菌使单株总瘤数比对照增加 89.5%，总瘤干重增加 126.9%，茎、叶含氮量分别提高了 25.99%、7.05%，产量增加 14.96%。接种根瘤菌后的蚕豆单株荚数、单株粒数、单株粒重、百粒重都比对照有所增加。特别是在接种的同时增施磷肥增产效果更佳，比对照增产 21.47%。

根瘤菌肥的施用以作种肥为好，以拌种效果最佳。如来不及作种肥时，早期追肥也有一定的补救效果。施用方法上，一般是在选好适宜蚕豆的根瘤菌后，将根瘤菌放在内壁光洁的盆或其他容器中，加少量新鲜米汤或清水，将菌剂调成糊状，再与种子拌匀，置于阴凉处，稍干后拌上少量泥浆裹种，最后拌以磷肥，或添加一定量钼、硼微量元素肥料，立即播种。施用量一般要求达到大粒种子以每粒沾上 10 万个以上根瘤菌为标准。菌剂质量较好的用 4 ~ 5 kg/hm² 根瘤菌肥拌种。

2. 科学用肥的实施案例

慈溪是著名蚕豆品种'慈溪大白蚕'的原产地，也选育出了'慈蚕1号'等优良品种，慈溪农民长期实践，归纳了如下施肥方案。

（1）施肥原则：重施基肥、增施磷肥、看苗施氮、分次追肥。

（2）施肥方法：播种时亩施过磷酸钙 20 ~ 25 kg+农家肥作基肥混施。苗期视长势，可结合中耕除草，亩追施尿素 2.5 kg。初花期至结荚盛期，可追施 1 次复合肥（15-15-15）300 kg/hm²，可增荚壮粒。此后还可结合防病叶面喷施 0.1% 或 0.2% 的磷酸二氢钾溶液 2 ~ 3 次，以增加结荚率和粒重。

贫瘠地块在蚕豆苗期亩施尿素 5 ~ 8 kg，促进幼苗生长，早生分枝利于开花结荚。初花期和结荚期亩用复合肥（15-15-15）10 kg、尿素 10 kg 兑水浇施各 1 次。对实行分次采收鲜荚的蚕豆田，每采收青荚 1 ~ 2 次，根据长势和苗架情况可用 0.3% 磷酸二氢钾+0.2% 尿素溶液进行叶面喷施。

有条件的地方可以不同方式增施菌肥。

第五节　蚕豆不同生育期的田间管理

蚕豆的田间管理不仅仅是肥水管理，还包括根据蚕豆的不同生长阶段进行的一系列细致的管理工作。

一、苗期管理

苗期要确保蚕豆的出苗整齐，并促进其营养生长。

（一）适时播种、确保出苗整齐

要选择最佳的播种时期，如应注意避开花荚期重霜危害和鼓粒期高温逼熟，浙江一般以每年的 10 月下旬—11 月上旬播种为宜。同时，也要注意播种方法和播后管理。比如，在播种时，要根据不同田块采取相应措施。在慈溪一带的稻田蚕豆应抢耕晒垡，抢墒播种。半免耕种豆的，要开好排水沟用沟土覆盖畦面；稻田套种蚕豆的或旱地套种的，要抓住节令整理耕地，适时播种。如果气候干旱，土壤墒情不足，影响出苗的田块，建议下午浇水，翌日松土播种或播前灌跑马水；稻田套种的，种子宜浅播，一般 2～3 cm 为宜。忌湿地播种或播后即雨，防止烂种，用慈溪农户的话说，就是"冷水满豆孔，来年断豆种"。播种后，如发现土壤板结或因烂泥播种或土块过大时要及时中耕松土，以帮助出苗。稻茬豆田及时松土碎垡，增温通气，促进分枝早生快发。棉花地套蚕豆的，要在不影响棉花产量的情况下，及早拔除棉秆以改善通风透光条件。为了保证蚕豆安全越冬，在越冬前，培土壅根，以土盖住下部 2 个分枝，防止倒伏，为下茬套种棉花、玉米或蔬菜打好基础。同时在西北风方向上，筑起一条小土埂，以挡住寒风。

（二）补充缺株、确保全苗

在播种时要按实际需要播足用种量，并结合种子的发芽率，要比计划用种量增加 5%～10% 种子，用作备苗。行间或地头直接备苗的，可在主茎3~5个叶节时带土移栽，或移密补稀。集中育苗的，一发现缺苗就要及时补栽。移栽后要浇足定根水，确保活棵。

（三）苗期打顶

打顶，又称作摘心。苗期打顶是摘除主茎的生长点，促进分枝的发生。慈溪蚕豆在苗期进行主茎摘心，一般在11月底至12月上旬，待蚕豆主茎有5~6叶时，选晴天对主茎摘心，促进分枝的发生。在当前用种量减少、种植密度下降的情况下，促进分枝早发、多发是蚕豆增产的重要一环。

（四）覆盖追肥

出苗后可通过增加覆盖物如秸秆、农家肥等措施提高土温，减少蒸发，减少根病。如浙江慈溪一带多在蚕豆株高达到15 cm以上，有7~8张复叶，有大分枝4~5个，小分枝2~3个时，以15~20t/hm² 用量，施用腐熟畜粪肥。

苗期除做好上述管理工作外，还要积极防治各种病虫害、鼠害和草害。有关病害、虫害、鼠害、草害防治操作的具体细节，请参阅本书第六章。

二、蕾期的田间管理

蕾期是指花蕾初现至初花的这段时期。此期间是营养生长、生殖生长并进的时期。从出苗到现蕾的间隔时间，因品种、地区和当年气候的不同而有所差异。'慈溪大白蚕'一般约需84 d，'慈蚕1号'约需86 d，'慈科蚕2号'约需83 d，'陵西一寸'约需87 d。在蕾期，主要的田间管理措施如下。

（一）整枝

整枝是指剔除计划外分枝，建立合理的群体结构，减缓株间、株内竞争。整枝能够防止田间郁闭，增强田间通风透光。为此，农民习惯上会根据长势进行1~2次整枝。但是在降低种植密度的情况下，一般很少出现田间郁闭严重、通风透光不良的情况，目前在现有的劳动力紧张的情况下，整枝在经济上不一定划算，在管理上可根据实际情况进行。

（二）稳施追肥

追肥因地区、品种而异，如慈溪一带，立春以后'慈溪大白蚕''慈蚕一号''慈科慈二号'等品种，一般就会现蕾，生长速度加快。如越冬期气温低，根瘤菌繁殖慢，固氮能力不足。特别是干旱年份、迟播田、冬发差的田、营养体不足的田块应增施适量速效肥。一般可追施人畜粪 7.5 ~ 15.0 t/hm² 或复合肥（15 - 15 - 15）150~300 kg/hm²，以提早返青，小复叶增大增厚，叶面积增加。如要增施钾肥，要注意施肥方法，钾肥不能与根直接接触，可以在根际附近 10 cm 处打洞施入，也可以在向阳面开沟、施肥、覆土，还可以兑水浇施或拌土施用。

（三）除草中耕

提倡在大田中用人工拔除杂草，群体过大的可深锄，切断根系。

（四）防治病虫害

详细内容请参阅本书第六章。

三、蚕豆花荚期

蚕豆花荚期是指蚕豆从开花到结荚的过程，这一阶段蚕豆的生理活动最为旺盛，植株高度、茎粗快速生长，地上部分营养体迅速增加，根系继续生长，花期根瘤固氮能力增强，花、荚、粒形成。此期间，蚕豆对光照、温度、水、肥条件最为敏感，器官间争夺同化物的程度最为激烈。蚕豆花荚期重点应做好以下管理工作。

（一）排渍和灌水

如慈溪一带，地下水位较高的田块以及冷浸田，需结合高培土、重壅根，疏通沟渠，以排除地表积水，降低地下水位，防止渍害。如果冬春干旱，需注意适时灌水，以结荚期灌水为佳，增产效果明显。灌水的时间和次数、水量的多少，需根据当年降水丰歉和植株生长情况决定。

（二）施肥

蚕豆开花结荚期对养分需求量大，其中氮、磷、钾营养元素分别占其一生的 80%、90% 和 63%，其中花期占 48%、60% 和 46%，是需肥高峰期。若养分不足，会导致花簇减少、落花落荚增加以及荚粒数下降。在花荚期施肥，可以调整 C/N，具有保花、增荚、增粒重的作用。据试验，施花荚肥比不施花荚肥增产 15%~20%。施肥数量、时间需根据土壤肥力、前作用肥水平、蚕豆种肥施用情况和蚕豆植株生长情况而定。江浙沿海一带（如慈溪）一般增施复合肥（15-15-15）300~375 kg/hm^2。长势差的早施、重施、初花期施；长势一般的盛花期施，即清明前后施，争取下部、中部有效荚；长势好的，晚施轻补，稳住下部荚，争取中上部荚，在中部开花、下部结荚期追施。

花荚期根外追肥，可以延长叶片功能期，提高光合作用效率，促进籽粒饱满，提高产量。追肥种类和浓度应根据植株的生长情况来选择，在花荚期喷施尿素、磷酸二氢钾、钼肥和硼肥，可以增加结荚率和粒重。据试验，使用 0.05% 钼酸铵溶液在始花和盛花期各进行一次根外追肥，可提高产量 3%~5%，最高可达 10%；在花期根外追施硼酸或硼酸钠溶液，有助于增加粒重。

尿素根外追肥时，添加皂液使其呈弱碱性，有助于根系对养分的吸收。

（三）打顶

我国蚕豆品种类型主要是无限花序型，上部高节位的生殖功能明显退化。这主要表现为茎节缩短、叶片复叶数增加、单个小复叶面积变小，以及花荚退化。在叶片未完全展开之前，无法进行光合作用，只能消耗同化物。因此，我国许多地区习惯采取打顶措施。打顶可以促进早熟增产，但在某些地区、品种、年份和地块，打顶可能会导致减产。因此，必须根据具体情况区别对待。如在干旱年、严重冻害、涝害、病虫害严重、群体不足、营养体偏小、植株矮小、荫蔽度不大的田块，不宜打顶。

花荚期打顶是蚕豆苗期打顶后的第二次打顶，慈溪蚕豆第二次打顶在 3 月 15—25 日，摘去各分枝的生长点，促进结荚，减少营养消耗。这次摘心一般是分枝上有 10 薹花左右的时候进行。但是根据特大粒型、超大粒型蚕豆品种的开花结荚特性，以及降密种植的要求，目前有的农户已把分枝摘心工作选在分枝上有 5~8 薹花的时候进行，大大降低植株高度，改善田间通风透光，提高下部结荚率，达到增产增效的目的。

在打顶技术上，要做到"打晴不打阴"，防止阴雨伤口霉烂；"打小不打大，打实不打空，打蕾不打花"。打顶的最终目的是控制旺长、防止倒伏、提早成熟、保护功能叶，并促进同化物向荚粒输送，提高蚕豆的产量。

（四）中耕除草

随着气温上升，杂草为害种类多、为害重。盛花期封行前，要进行一次中耕除草。

（五）防治病虫鼠害

具体方法详见本书第六章病虫草鼠害防治。

第六节　蚕豆的适期收获和安全贮藏

一、蚕豆的适期收获

（一）采收与熟相

1. 最佳采收期的确定

蚕豆的收获时期对其品质和产量具有重要影响。为了确保获得最佳的收获效果，需要根据蚕豆的生长情况和成熟度来选择合适的收获期。

蚕豆的成熟通常分为4个时期：绿熟期、黄熟前期、黄熟后期和完熟期。在绿熟期，植株和茎秆呈绿色，种子体积基本长足，达到最大体积，此时种子含水量很高，容易用手指挤破。随着生长进程的推进，进入黄熟前期，植株下部叶片开始脱落，豆荚由绿转黄绿色，种脐黑色，种皮绿色，此时用指甲容易划破种皮。在黄熟后期，植株上中部叶子由绿变灰白至淡黄，荚壳转绿为黄，逐渐变褐，种皮呈品种固有颜色，此时种子迅速失水，体积缩水，用指甲不易划破种皮。最终进入完熟期，叶片全部脱落，荚壳发黑、干缩，种子呈原品种固有颜色，很硬。

根据蚕豆的生长情况和成熟度，采收青荚的最佳收获期是青熟期，而收获干豆的最佳收获时期是黄熟前期至后期。

2. 熟相指标

蚕豆成熟时的长相称为熟相。

青荚成熟期，蚕豆叶色深绿，蚕豆荚膨胀，绿色，荚缝明显；籽粒大，种皮白色或绿色，手指甲容易剥离，黑色种脐的品种，种脐转黄或出现发丝状黑线，同色种脐的品种，种脐线条明显黄绿色，种柄绿色或黄绿色，合点绿色或黄绿色，子叶肥厚、油绿，碧绿不褪黄，易掐断。

蚕豆进入成熟期，蚕豆的叶片、豆荚、茎秆和籽粒都会发生一系列变化：

（1）叶片：高产田叶片会从青绿色变为灰白色，再变淡黄转褐色；

（2）豆荚：由青绿变淡黄，最后变灰褐色或橘黄；

（3）茎秆：由淡绿逐渐转黄；

（4）籽粒：由深绿色、浅绿色逐渐变为绿色或白色。

此外，对于具有黑色种脐的品种，当黑脐变黑时已经达到了粒重的75%～80%，此时具有较好的发芽能力。而对于本色种脐的品种，种脐线会变得明显。当种子内酶活性降低、种子休眠加深时，种子的发芽率和发芽势也会下降。

在多熟制地区，如秋播地区多为一年多熟制，茬口紧张。为了提高土地利用率和增加产量，需要在中下部荚 1/3~1/2 变色时抢晴好天气进行收获。此时收获的蚕豆不仅品质优良、产量高，而且可以确保在有限的生长季节内完成下茬作物的种植。

总之，了解蚕豆的生长情况和成熟度对于确定最佳的收获时期至关重要。通过观察叶片、豆荚、茎秆和籽粒的变化以及测定种子的生理指标可以确定适宜的收获时间。在多熟制地区，适时收获不仅可以获得高品质和高产量的蚕豆，还可以有效地利用土地资源进行其他作物的种植。及时采收不仅确保了本季蚕豆的丰收，还能尽早腾空土地，为下一季作物提供最佳的光热条件，从而实现下季作物的高产稳产。

（二）干蚕豆采收操作技术要点

1. 适时收割，齐泥割豆

收割蚕豆的时间，最好选择在早晨露水未干或傍晚时分进行，此时气温较低，湿度较大，可以降低炸荚的风险。提倡齐泥割豆，即将蚕豆的根、根瘤、落叶留在土壤中，这样可以增加土壤有机质，提高土壤肥力，促进土壤生态平衡。如果连根拔起，把根瘤带出土壤，不仅会影响土壤肥力和可持续发展，还会产生新的污染源，有百害而无一利。

2. 及时晾晒、干燥

刚刚收获的蚕豆植株含水量很高，不便脱粒，也不适合储存。因此，必须立即晾晒，晾晒有 2 个作用：一是促进茎秆中的养分向种子转移，促进种子的后熟；二是降低蚕豆植株、豆荚、种子的水分，方便脱粒。

干燥是指脱粒后的脱水过程，可以通过日晒或使用农产品干燥机械进行干燥，使蚕豆籽粒的含水量达到≤13%（种子水分测定仪测定）的标准，以确保安全储存。

二、蚕豆生产用种子的选留

正常的蚕豆生产用种，应由种子制种田提供。种子田的种植必须按照制种规范进行，在苗期、花期、荚期和收获前，应进行去杂、去劣，只保留健康植株。由于蚕豆是常异交作物，其异交程度除了受品种异交率的影响，还与地理位置、栽培环境、风力大小、昆虫等多种因素有关。为保持优良品种特性，应尽量降低天然异交率，进行保纯。从遗传稳定性考虑，收获时，应选择中部、中下部豆荚作为种子，单独收获、单独存放，防止混杂。

三、蚕豆的贮藏

蚕豆易于贮藏，是耐贮藏的食用豆类。在贮藏过程中，蚕豆通常不会发生发热、发霉或腐败变质。然而，蚕豆贮藏过程中经常面临的问题是蚕豆象的危害和褐变。蚕豆象危害率通常在50%左右，严重时可达70%。被蚕豆象危害的种子生活力下降，品质变差，损耗增加，商品性降低。这是因为蚕豆象在种子内生活，释放水分和热量，从而加速种皮氧化褐变。

蚕豆安全贮藏的条件主要包括：贮藏场所空气的相对湿度、温度及通风情况，以及蚕豆本身的干燥程度。具体要求如下：

（1）贮藏场所的空气相对湿度应小于65%。

（2）贮藏场所应保持良好的通风，防止温度过高。

（3）贮藏容器的密闭性要好，使种子与外界空气隔离，减少种子物质消耗。

（4）蚕豆种子必须干燥，含水率不得大于13%。

蚕豆的贮藏方式可分为家庭贮藏和仓库贮藏。家庭贮藏时，应选择干燥、阴凉、空气流通的房子作库房，用石灰膏封缝，石灰水粉刷，清除角落、包装物中的杂草、石块和蚕豆象成虫。将80%敌敌畏乳油浸湿的纱布条挂在库房内，用药100～200 mg/m²，并密闭门窗。家庭贮藏可采用拌糠贮藏或缸藏、柜藏等。仓库贮藏，是大批量蚕豆贮藏的场所，要求与粮食贮藏仓库基本相同，目前有简易仓、库式仓、机械化仓等多种类型。无论何种库对于仓房的建设，必须满足坚固耐用、能承受蚕豆籽粒压力、具备密闭条件、隔绝不良气候因素等要求。此外，仓房还需具备密闭熏蒸杀虫的能力、通风条件以降低仓内温度和散出热量，以及防虫、防鼠、防火等功能。仓房附近应设置晒场、保管室和实验室等设施。在蚕豆入库前，不论何种仓房，都需要进行全面检查、维修、杀菌和消毒。在仓库设备方面，大型蚕豆仓库应配备装卸设备、输送设备、风力吸运机、移动式皮带输送机、堆包机、升降机等，实现联合作业。此外，还应具备机械通风设备，如风机管道等；种子加工设备，如清选机、晒场、人工干燥机、消毒机等；熏蒸设备，如防毒面具、投药器、熏蒸药等。

四、蚕豆的入库及管理

中国蚕豆品种丰富多彩，各种蚕豆的籽粒大小、形状、种皮和种脐颜色都各具特色。因此，需要根据当地主要品种的特征制定入库标准。

（一）入库要求

（1）籽粒含水率：必须小于 13%。

（2）籽粒完好程度：不能含有破碎、虫害和发霉的籽粒。

为了满足这些标准，对不同来源的产品，要分批次入库。在入库之前，还需要进行一系列的准备工作。首先，要清理仓库中的仓具，剔除已经形成的虫窝，修补损坏的墙面和地面，嵌合裂缝并进行粉刷。

（二）管理

蚕豆入库后，可以采用多种方式进行堆放。例如，使用袋装的实垛法，让袋与袋之间不留空隙，形成实垛。也可以使用"非"字形垛、"Z"字形垛、"井"字形垛等方式。此外，全库散装堆放或单间堆放也是可行的。蚕豆入库后要做好熏蒸处理，以消灭蚕豆象等储粮害虫。蚕豆入库存储期间，需要有良好的管理制度和细心的管理人员。要定期进行检查，观察在不同气候条件下蚕豆的籽粒温度、湿度、虫害和霉变情况。如果发现蚕豆出现高温、霉变或发热的情况，需要及时分析原因，并采取相应的措施进行处理。此外，做好适时通风，维持蚕豆堆的温度均匀，降低种子内部的温度，抑制病虫害的活动，并排出贮藏中有害的代谢物质和熏蒸的有毒气体。

第六章　蚕豆的病虫草鼠害防治

第一节　蚕豆的病害防治

在蚕豆种植过程中，病害防治是一项至关重要的工作。蚕豆病害主要分为真菌性病害、细菌性病害、病毒性病害和生理性病害。

一、真菌性病害及其防治

（一）蚕豆赤斑病

赤斑病是蚕豆种植过程中最常见的一种真菌性病害，由蚕豆葡萄孢（*Botrytis fabae* Sardina）、灰葡萄孢（*B. cinerea* Pers.）或拟蚕孢（*B. fabiopsis* J. Zhang，M. D. Wu & G. Q. Li）侵染引起。此病主要由病菌以菌核随病残体在土表越冬或越夏。菌核遇适宜条件时，萌发长出分生孢子梗和分生孢子，通过气流传播进行初侵染。病部产生新生代分生孢子，借助风雨传播，进行多次再侵染。蚕豆赤斑病主要为害叶片、茎、花、豆荚和种子。发病初期，蚕豆叶片上会出现赤色的小点，随着病情的加重，这些小点会逐渐扩大成直径 2~4 mm 椭圆形或圆形的赤色病斑，病斑中央赤褐色，稍凹陷，边缘深褐色，稍隆起。此外，叶柄和茎上也会出现赤色的条斑，内部有裂缝。到了发病晚期，蚕豆植株各个部位都会变成黑色，并遍生灰色霉，剥开蚕豆茎秆会发现内壁附有黑色的菌核。花染病，遍生棕褐色小点，扩展后花冠变褐枯萎。豆荚染病，呈赤褐色斑点。种子染病，种皮上出现小红斑。该病害会导致蚕豆产量大幅减少，严重时甚至会导致蚕豆叶枯秆死，颗粒无收。

蚕豆赤斑病最适宜发生的条件为温度 20 ℃、相对湿度 85% 以上。该病最主要的诱发因素为湿度，孢子须在湿度饱和、寄主表面具水膜的条件下才能萌发和侵入。从萌发到侵入，20 ℃ 时仅需 8~12 h，而 5 ℃ 时则需 3~4 d。黏重或排水不良的酸性土及缺钾的连作田发病重，地势低洼、植株过密的田块发病重。

防治要点如下：

（1）农业防治：选择抗病品种，高畦深沟栽培，雨后及时排水。加强肥水管理，使用配方施肥技术，避免偏施氮肥，适当增施草木灰或其他磷钾肥，以增强蚕豆的抗病能力。及时打顶。实行 2 年以上轮作。收获后及时清除病残体并集中销毁。

（2）种子处理：播前用种子重量 0.3% 的 50% 多菌灵可湿性粉剂拌种。

（3）药剂防治：田间出现零星病斑时，可选用 50% 啶酰菌胺水分散粒剂 1 200 倍液，或 50% 菌环胺水分散粒剂 1 500 倍液，或 50% 咯菌腈可湿性粉剂 5 000 倍液，或 500 g/L 扑海因悬浮剂 800 倍液，或 38% 唑醚·啶酰菌水分散粒剂 1 000 倍液，或 50% 腐霉利可湿性粉剂 1 000 倍液，或 40% 嘧霉胺悬浮剂 800 倍液等喷雾防治，每隔 7~10 d 施用 1 次，连续防治 2~3 次，注意药剂交替使用。

（二）蚕豆褐斑病

蚕豆褐斑病是蚕豆生长中的一大真菌病害，病原菌为 *Ascochyta viciae* Libert，亦称蚕豆壳二孢。分生孢子器生在叶面，初埋生，后突破表皮，孔口外露。分生孢子器内壁上形成产孢细胞，上生分生孢子。褐斑病能影响蚕豆的茎秆、叶片和种子等部位。当褐斑病侵染蚕豆时，叶片正反面会出现红色斑点，并逐渐形成直径为 4 mm 的椭圆形病斑。病斑边缘稍微隆起，中间凹陷。随着病情的加重，病斑数量增多，并相互交融扩大成不规则斑块，湿度大时，病部破裂穿孔或枯死。茎秆和叶柄上也会出现红颜色的斑点。荚染病，病斑暗褐色，四周黑色，凹陷，严重的荚枯萎，种子瘦小，不成熟，病菌可穿过荚皮侵害种子，致种子表面形成褐色或黑色污斑。褐斑病通常在蚕豆的种子或病残体中越冬，翌年春季随着温度升高而蔓延，侵害蚕豆种植区。当蚕豆种植区内相对湿度较大、通透性不强以及氮肥施用过量时，褐斑病可能会大规模爆发和蔓延。

蚕豆褐斑病的传播途径和发病条件：以菌丝在种子或病残体，或以分生孢子器在蚕豆上越冬，成为翌年初侵染源，靠分生孢子借风雨传播蔓延，生产上未经种子消毒或偏施氮肥，或播种过早及在阴湿地种植发病重。

防治方法如下：

（1）56 ℃温水浸种 5 min，进行种子消毒。

（2）适时播种，不宜过早。忌迎茬连作。高畦栽培，合理施肥，增施钾肥，适当密植，提高抗病力。

（3）发病初期喷洒 50%福·异菌可湿性粉剂 800 倍液，或50%多菌灵磺酸盐可湿性粉剂 600 倍液，或75%百菌清可湿性粉剂600 倍液，或 10%苯醚甲环唑微乳剂 2 000 倍液。隔 7 d 左右防治 1次，连续防治 1 次或 2 次。

（三）锈病

锈病是蚕豆种植中常见的真菌病害之一，在我国长江流域发生普遍，一般导致减产 10%~30%。我国北方地区零星发生，对产量影响较轻。

蚕豆锈病主要为害叶片，也能为害叶柄、茎秆和豆荚。叶片染病，先出现黄白色斑点，不久变为红褐色近圆形的突起疤状斑，外围常有黄色晕圈。后病斑扩大，表皮破裂，散出红褐色粉末（夏孢子）。发病后期或寄主接近衰老时，夏孢子堆转变为黑色的冬孢子堆，或在叶片上长出冬孢子堆。叶脉上产生夏孢子堆或冬孢子堆时，叶片变形早落。

蚕豆锈病由蚕豆单胞锈菌 *Uromyces viciae-fabae*（Per. Schröt）引起。病菌一般在病株残体上越冬，翌年 3—4 月冬孢子萌发产生担孢子，通过气流传播，侵害寄主叶片，接着在寄主组织内先后形成性孢子器及锈子器。锈孢子成熟后，随风飞散，落于邻近寄主叶等感病部位，侵入后约7 d即形成夏孢子堆。夏孢子再通过气流传播进行重复侵染。在15~24 ℃温度范围内，若遇上阴雨连绵的天气，则病重。

　　蚕豆品种间抗病性有显著差异。一般早熟品种生育期短，易于发病的生长时期相对较短，且自然界病原菌数量少，特别是夏孢子形成数量不多，再次侵染的机会较少，因而发病较轻。迟熟品种生育期长，夏孢子的数量多，增加被害的机会。所以，播种期的迟早足以影响发病程度。凡土壤黏性较强、地势较低且长时间受积水影响、通风和采光条件较差的地区容易暴发锈病。其病菌在湿度较大、雨水较多的环境中容易蔓延，当气温在20~25 ℃时，锈病病菌容易大范围爆发和蔓延。

　　蚕豆锈病可以采取以下防治措施：

　　（1）合理轮作：与非豆科作物轮作2~3年。

　　（2）加强管理：高畦栽培，合理密植，开沟排水，增施磷、钾肥，以增强植株长势，提高抗病力。及时整枝，收获后及时清除病残体，将其带出田间集中销毁，减少田间菌源。

　　（3）药剂防治：发病初期，可选用400 g/L氯氟醚·吡唑酯悬浮剂1 500倍液，或62.25%锰锌·腈菌唑可湿性粉剂600倍液，或325 g/L苯甲·密菌酯悬浮剂1 500倍液，或16%二氰·吡唑酯水分散粒剂750倍液，或75%拿敌稳防菌·戊唑醇水分散粒剂3 000倍液，或42.4%唑醚·氟酰胺悬浮剂2 500倍液，或15%三唑酮可湿性粉剂1 000倍液等喷雾防治，每隔7~10 d施用1次，连续防治2~3次。

（四）蚕豆霜霉病

　　蚕豆霜霉病在我国并不普遍，仅偶尔发现少数病株。但近年来，蚕豆霜霉病有逐渐加重的趋势，特别是在大棚栽培的情况下，霜霉病经常大发生。在江苏省蚕豆产区屡有报道。蚕豆霜霉病是由 *Peronospora viciae* f. sp. *fabae* 引起的。孢子梗自叶片气孔抽出，单生或束生，孢子梗顶端作指状分枝，在每个分枝的顶端上形成单个分生孢子。蚕豆的正常绿色叶片上，起初显现轮廓不明的淡黄色斑块，同时杂有赤色小斑点和不规则形的小斑痕。叶片变色部分逐渐扩大，最后可达到整个叶面。在叶片腹面生长有大量的菌丝，密生，但甚薄，霉状，呈浅紫色。病叶由青黄色变青褐色，最后干枯。通常，在遮阴下的茎上基部的叶片先发病，随后在较上的叶片次第感病。低温和潮湿气候适合此病的发生。

蚕豆霜霉病很少发生的地区，即使发生也不严重，可以不进行防治。发生较重的地区，或是大棚栽培时，需要进行防治。

防治措施如下：

（1）农业防治：尽量选择地势较为平坦、利于排水的土地。由于低温和潮湿时易发生此病，为此，在多雨或连阴天气时，及时开沟排水，除渍降湿。

（2）化学防治：用 50%烯酰吗啉可湿性粉剂 1 500 倍液，或 25%吡唑醚菌酯乳油 1 500 倍液，或 10%氰霜唑悬浮剂 660 倍液，进行喷雾。隔 7 d 再喷 1 次。

（五）蚕豆菌核病

蚕豆菌核病是蚕豆病害之一，大发生年份产量损失大。该病由核盘菌 [*Sclerotinia sclerotiorum* (Lib.) de Bary] 和三叶草核盘菌 (*S. trifoliorum* Eriksson) 侵染引起。蚕豆菌核病主要为害茎和豆荚。茎染病，主要在叶腋或茎分权处，初始产生水浸状斑，扩大后病部呈灰白色，严重时皮层组织软腐纵裂，缢缩，只剩纤维束，病部以上茎叶凋萎枯死。田间湿度高时，病部密生白色棉絮状菌丝，茎秆剥开可见白色菌丝体或黑色菌核。菌核鼠粪状，圆形或不规则形，早期为白色，后外部变为黑色，内部仍为白色。豆荚染病，初在豆荚上产生水浸状病斑，病部扩大后呈灰绿色软腐状，田间湿度高时，病荚上密生一层白色棉絮状菌丝体。蚕豆菌核病病原菌以菌核在豆田内越冬，翌年春天当气温达 15~18 ℃或以上且空气比较潮湿时，在菌核上形成子囊盘与子囊孢子。子囊孢子散射后侵染四周植株，其散射时间可持续 1 个月左右。子囊孢子不能直接侵入健株，而是萌芽后在茎基土壤表面形成大量菌丝体，这些菌丝与寄主接触，在寄主外部生长蔓延，然后在环境条件适合时侵入寄主。随着蚕豆人工春化大棚栽培的发展，已发现菌核病的发病时间大大提前，有的年份在当年的秋冬季连阴雨时就会发生，经防治控制后，由于田间病原菌基数大，一遇温度、湿度适宜的天气，就又会卷土重来。

目前，还没有抗蚕豆菌核病的品种的选育的报道，所以防治手段还是要从栽培环境和栽培措施上着手。菌核病是土传病害，所以首先是要注意不要重茬。其次，由于菌核病的发病条件需要适宜的温度和潮湿的环境，所以蚕豆种植要选择地势较高、排水通畅的地块。整地时要深沟高畦，做到雨止田干。在早春温度偏高、多雨，或者是秋季多雨、多雾的情况下，尽快疏通沟渠。第三，栽培上要适当降低密度，做好整枝打顶，防止偏施氮肥等。第四是用化学药剂防治，重点是要选在发病初期，可选用50%啶酰菌胺水分散粒剂1 200倍液，或42.4%唑醚·氟酰胺悬浮剂1 500倍液，或50%密菌环胺水分散粒剂1 500倍液，或12%苯甲·氟酰胺悬浮剂1 000倍液等喷雾防治1次，每隔7~10 d施用1次，连续防治2~3次。注意交替用药。

二、细菌性病害

蚕豆细菌性病害相对较少，其危害通常较为轻微，以细菌性茎疫病较为常见。

蚕豆细菌性茎疫病

该病曾在国内某些区大发生，造成减产损失。病原菌是 *Pseudomonas fabae*（Yu）Buckholder，是革兰氏阴性杆菌，最适温度为35 ℃，最低、最高和致死温度分别为4 ℃、37~38 ℃、52 ℃。蚕豆茎疫病菌可从叶、茎尖、茎、花侵入，以伤口侵入为主，可造成死苗、花腐、叶坏死、茎枯等问题，严重的全田黑枯像火烧一样，导致严重减产。浙江当地在露地栽培条件下很少见到这种病害，但在一些春化蚕豆的大棚中，可见零星发生。雨水多及土壤湿度大是该病传播蔓延的主要环境因子。

针对这种病害的防治措施主要有：

（1）进行合理的轮作；加强农田基础设施，及时排出积水。

（2）合理施肥：对发病重的田块增施硫酸钾 $150\sim225$ kg/hm^2、硫酸锌 $15\sim30$ kg/hm^2，初花期、初荚期喷 2 次硼肥。

（3）对于低洼田，应避免过度密植，并注意防治病虫害。

（4）及时拔除中心病株。

（5）及时打顶。

（6）药剂防治：可用的药剂包括：53.8%可杀得干悬浮剂 1 000 倍液，或新植霉素 4 000 倍液、50%琥胶肥酸铜可湿性粉剂 500 倍液，在初花期、初荚期各喷施 1 次，尤其在大雨后及时喷药有良好效果。

三、蚕豆病毒病

蚕豆病毒病害种类繁多，在慈溪田间调查发现，最常见的是蚕豆普通花叶病毒病、蚕豆黄化卷叶病毒病等。而根据最新的报道，目前发现侵染蚕豆的病毒大约有 50 多种，这些病毒引起的病毒病对蚕豆的生产造成了极大的危害。主要有：蚕豆萎蔫病毒（BBWV）、蚕豆杂色病毒（BBSV）、芜菁花叶病毒（TuMV）、大豆花叶病毒（SMV）、菜豆黄花叶病毒（BYMV）、黄瓜花叶病毒（CMV）、菜豆卷叶病毒（BLRV）、三叶草黄脉病毒（CIYVV）和蚕豆真花叶病毒（BBTMV）。这些病毒具有不同的粒子形态和细胞病理特征。田间症状主要表现为褪绿花叶型、萎蔫坏死型和黄化卷叶型等不同类型，当 2 种或 2 种以上病毒复合侵染时，症状表现更为复杂。2005 年 3 月，浙江大学生物技术研究所的谢礼、刘文洪、洪健等在浙江丽水采集到了一株蚕豆病株，症状表现为褪绿黄化花叶。通过透射电镜观察发现，病叶汁液中存在高浓度的球状和线状 2 种病毒粒子。进一步通过超薄切片观察细胞病理学特征，并结合 ELISA 和 RT-PCR 检测技术，对该病株的病原进行了诊断鉴定，最终确定是由蚕豆萎蔫病毒 2 和菜豆黄花叶病毒复合侵染所引起。2020 年，宁波大学的专家曾在慈溪田间发现的蚕豆病毒病植株中，分离到三叶草黄脉病毒、菜豆黄花叶病毒和蚕豆萎蔫病毒 2 等多种病毒。

（一）蚕豆萎蔫病毒病（BBWV）

该病毒首次于 1947 年在澳大利亚从表现萎蔫、坏死的蚕豆上被分离出来。此后，许多国家的植物病理工作者相继报道了 BBWV 的许多其他寄主。蚕豆萎蔫病毒现已被公认为世界性的流行病毒，且危害严重。蚕豆被侵染后，会引起环斑、脆裂、花叶畸形、萎蔫、顶枯等症状，影响正常生长。近年来，这种蚕豆病毒在我国吉林、山东、江苏、四川、云南、湖北、安徽、浙江、北京、上海等多个省份被发现。这种病毒经常与大豆花叶病毒（SMV）和黄瓜花叶病毒（CMV）等混合感染，导致蚕豆产量和品质下降。

蚕豆病毒发病初期，叶片出现深浅绿色相间的花叶，呈现出斑驳状，严重时病叶皱缩，出现黑褐色的坏死斑块或斑点。茎部也会产生黑褐色的坏死长条斑，病株会提前枯萎死亡。有些病株不会表现出花叶症状，但植株会变矮小、叶片变黄、容易脱落。轻度感染病毒的植株虽然可以结荚，但豆荚上会出现褐色的坏死斑。

（二）蚕豆黄花叶病毒病（BYMV）

该病毒是一种对蚕豆造成严重损失的病害。不仅在国外如伊朗、美国、德国、澳大利亚、荷兰、英国、比利时、阿根廷、法国和前苏联等有报道，在国内如甘肃、青海和宁夏等春播蚕豆区也有发生。这种病害导致蚕豆的产量和质量下降，对农民造成较大的损失。蚕豆黄花叶病毒病的发病特征十分明显。感染病毒的蚕豆植株会出现矮小纤弱的情况，叶片会轻度失绿黄化，并产生形状不规则的深绿色斑块，呈现出系统黄化花叶症状。病叶会弯曲畸形，而病株则会稍微畸形。在病细胞内部，可以观察到内含体。部分菌株感染后还可能造成系统坏死。

（三）蚕豆卷叶病毒病（BLRV）

该病毒病分布广泛，发生普遍，不仅在国内如江苏、浙江等地有发生，在南美洲、亚洲其他国家，非洲及澳大利亚等地也均有发现。该病常年发病率为 10%～30%，严重发生年份个别田块的发病率甚至高达 100%。对于这种病害的防治，可以考虑使用抗病品种和避免在重病田进行种植。蚕豆幼苗感染了蚕豆卷叶病毒，导致整株叶片黄化卷曲，植株矮小。在成株期，病株的生长变得衰弱，叶片均匀褪色变为黄色，之后上部叶片完全黄化和卷曲，病叶变厚变硬。一段时间后，黄化卷曲的病叶会早期脱落，病茎上仅存少数病叶，茎部出现坏死。受感染的蚕豆植株结荚减少或甚至不结荚。

（四）蚕豆染色病毒病（BBSV）

1965 年，Lloyd 等首次在英国的杂志上发表并描述了蚕豆染色病毒病（BBSV）。这种病毒会在病株的叶片上引起褪绿斑驳和花叶，并使外种皮呈现坏死色泽。在自然条件下，BBSV 主要侵染蚕豆和小扁豆等豆科植物。此病毒可以通过花粉和种子传播，其中小扁豆的种传率可高达 32.4%，蚕豆的种传率为 4%～16%，豌豆的种传率为 20%。另外，豆长吻象（*Apion vorax*）和豌豆根瘤象（*Sitonalin catus*）是此病毒的传毒介体。BBSV 在欧洲、西亚、北非、西非、东非的 22 个国家和地区都有报道，已经成为这些国家和地区蚕豆上的重要病害。蚕豆苗期或开花期之间感染此病毒可能会减产 40%～84%，特别严重的情况下甚至可能导致绝产。感染 BBSV 的蚕豆种子的典型症状是种皮呈现坏死色斑，严重时在外种皮上形成连续的坏死带。在发病特征方面，该病毒会呈现系统性的侵染，感染病毒的病株叶片可能会出现轻度的花叶、斑驳、褪色斑或畸形，有的小叶可能正常而没有明显的病变。如果在苗期或开花期前感染此病毒，可能会使结荚变少或籽粒变小。如果是在苗期感染，植株可能会矮化，顶端可能会枯死，病叶可能会呈现褪色花叶或畸形。如果在花期后感染，则可能影响较小。

蚕豆病毒病的防治措施：

（1）种子处理。做好种子田病毒病防治，选用无病种子，避免病毒通过种子或其他媒介传播。

（2）加强田间管理，提高蚕豆抗病能力：及时清除杂草和野生寄主植物，尽早发现并拔除病株，以减少病毒传播。避免蚕豆和豌豆混种。

（3）防治蚜虫，减少病毒传播。由于传播蚕豆病毒的蚜虫主要以非持久方式传播病毒，因此防治蚜虫的最佳方法是在其迁移到蚕豆田之前的其他寄主植物和杂草上喷洒药剂。蚜虫发生期，可使用以下药剂：10%吡虫啉可湿性粉剂 2 000~3 000 倍液、50%抗蚜威可湿性粉剂 1 000~2 000 倍液、20%甲氰菊酯乳油 2 000~3 000 倍液、1.8%阿维菌素乳油 3 000~4 000 倍液或 10%烯啶虫胺可溶液剂 4 000~5 000 倍液等。

（4）在蚕豆发病初期，喷洒以下药剂进行防治：1.5%植病灵乳剂 1 000~2 000 倍液、20%盐酸吗啉胍乙酸铜可湿性粉剂 500~800 倍液或 10%混合脂肪酸水剂 100~300 倍液。每隔 10 d 左右防治 1 次，防治 1~2 次。

（5）及时拔除并销毁病株。

四、蚕豆生理性病害——青枯死秆症

青枯死秆症是由渍害引起的生理性病害。蚕豆开花结荚时期如遇多雨天气，排水不良，根部长时间渍水，呼吸受阻，吸收能力减弱，抗病力下降，导致根系腐烂。当久雨初晴后，气温回升快，叶面蒸腾作用加强，而根系吸水能力弱，水分供需失去平衡，遂出现生理失水，从而造成青枯死秆。

青枯死秆症的防治措施：

必须重视并做好清理沟渠的工作，做到未雨绸缪。确保主沟、围沟、腰沟、垄沟等排水系统畅通无阻，确保雨停后田间能够快速排干积水。特别是在春季，除了清理沟渠外，还应该抓住晴朗的天气进行除草和松土，以减轻根系的渍水危害。这些措施能够提高蚕豆植株的抵抗力，预防病菌的繁殖和侵袭，保护蚕豆植株的健康生长。

第二节 蚕豆的虫害防治

蚕豆主要虫害有蚕豆象、蚜虫、美洲斑潜蝇等。

一、蚕豆象

蚕豆象是象虫的一种，它们对蚕豆和豌豆等豆类植物造成了严重的危害。蚕豆象的成虫具有专食性，有假死性，行动活泼，飞翔力强，有利于短距离扩散传播。在蚕豆始花后，它们会飞到田间取食嫩豆叶、花瓣及花粉。卵多产在长 25~60 mm 的嫩豆荚上，每荚有卵 1~3 粒，多的可达 20 粒。每只雌虫一生能产卵 35~40 粒。在贮藏期，蚕豆象会造成 50%~90% 的豆粒穿孔，幼虫蛀食豆粒造成空洞，并引起霉菌侵入，使种子含水量增高、呼吸强度增加，使豆粒种皮褐变，食味变苦，重量减轻，甚至发霉变质，烧煮不烂，不能食用。种子被害，影响发芽，发芽率一般会降低 20% 以上，严重降低产量和品质。

蚕豆象主要随蚕豆豆粒传播。成虫耐饥性强，能 4~5 个月不食。成虫在 8 ℃水中浸泡 24.5 d，仍有 51.7% 存活，在 55 ℃高温下，经 3 d 仍不死亡。抗战时期传入我国，现除西藏、黑龙江、吉林、辽宁、新疆、宁夏、甘肃等省（区）外，华北、华中、华南、华东、西南大部分省（区、市）均有发生。

蚕豆象的防治措施：

（1）严格检查豆类作物是否有蚕豆象的侵害，一旦发现有幼虫或成虫存在，应立即采取措施消灭它们。

（2）对于已经感染蚕豆象的豆类作物，可以采用高温处理或冷冻处理等方法来消灭幼虫或成虫。

（3）在运输或储存豆类作物时，应该做好包装和密封，以防止蚕豆象的传播。同时，对于已经感染蚕豆象的豆类作物，也可以采用化学方法进行防治。蚕豆象的防治需要关注 2 个主要方面：田间防治和豆粒处理。在田间防治方面，关键是在蚕豆结荚盛期后 10 d 或终花末期，使用 90% 敌百虫 1 000 倍液或菊酯类农药 2 000～3 000 倍液进行喷雾，间隔 7～10 d 再喷 1 次，这样可以有效地将成虫消灭在产卵之前，并对初孵幼虫的毒杀效果可达 80% 以上。对于豆粒处理，应在蚕豆收获后 1 个月内进行。有以下几种方法可以选择。

①开水浸烫：把装有蚕豆的篮子放进烧开的水中，上下搅拌蚕豆 30 s，取出后放在冷水中浸一下，然后摊开晒干贮藏。这种方法防治效果可达 100%，并且对食用和留作种用的蚕豆都没有影响。

②暴晒：在大晴天将蚕豆放在水泥地板上暴晒 2～3 d，注意薄摊勤晒。

③缺氧贮藏：蚕豆晒干后，用未穿孔的塑料袋贮藏，密封袋口，断绝氧气，使蚕豆象窒息死亡。但需要注意的是，如果这些蚕豆要留作种用，缺氧贮藏的时间不能超过 1 个月，否则会影响种子的发芽。

④药物熏蒸：粮食企业在蚕豆批量贮藏期间可用磷化铝密封熏杀。磷化铝是高毒药品，使用时需要严格遵守操作规程，确保人、畜安全，严防中毒。

二、蚜虫

蚜虫属同翅目、胸喙亚目，种类繁多，已知有 3 000 多种。尽管体型微小，但其习性复杂，繁殖力强，对农作物的危害广泛且严重。蚜虫通过刺吸式口器吸取植物养分，导致叶片皱缩，嫩叶、嫩茎和生长点受损，进而影响植物的正常生长，甚至可能导致植物停止生长、发黄、枯萎和死亡。蚜虫还会排泄蜜露，覆盖在植物表面，影响植物的呼吸和光合作用，并常常诱发煤烟病。蚜虫是蚕豆的主要害虫之一。

危害蚕豆的蚜虫主要有 5 种：豆蚜、豌蚜、豌豆修尾蚜、桃蚜和圆尾蚜。

蚜虫的繁殖力很强，不同种类蚜虫在不同气候条件和发生地点，会有不同的生活习性和繁殖方式。在北方，冬季气温较低，蚜虫通常在春夏季以孤雌生殖的方式繁殖后代，秋冬季两性生殖，雌雄虫交配产卵，以卵越冬；南方气候温暖，蚜虫则全年进行孤雌生殖，雌蚜通过卵胎生的方式繁殖后代。每只蚜虫通常可以繁殖出上百只幼蚜，最多日产量可达 10~15 只。因此，蚜虫的世代重叠现象非常明显。温湿度、营养条件以及发育温度对蚜虫的发生世代和发生量有很大影响。豆蚜发育的起点温度为 1.7 ℃，完成一代所需的有效积温为 136 ℃·d。在适宜的温度范围内，相对湿度为 60%~70% 时，有利于蚜虫的发生和危害，相对湿度低于 50% 或高于 80% 时，对蚜虫的繁殖有明显的抑制作用。豆蚜在北方地区一年可发生 8~10 代，在南方有的年份可发生多达 30 代。干旱的气候条件有利于蚜虫的繁殖和危害，而雨水较多，尤其是暴雨条件下，蚜虫的数量会受到抑制。在适宜的温湿度条件下，营养成分是决定蚜虫数量增长的主导因素。不同生育期和不同长势的田块间，由于营养状况的差异，蚜虫危害的程度也有所不同。豆蚜主要聚集在蚕豆顶端生长点部位，刺吸幼苗、嫩芽、嫩叶、嫩茎和近地面叶子的叶背汁液，对引发病毒病暴发与传播的风险很高。防治蚜虫的措施主要有以下 4 种：

（1）农业防治：改良耕作制度，尽量实行轮作、避免连作；要适时播种，播期不要拖拉太长。要在当地最佳节令内播种，避开蚜虫危害高峰期。根据慈溪的情况，在 10 月上中旬的前后是蚜虫的迁飞由强转弱的分界点，所以，按 10 月中下旬这个蚕豆的正常播种季节来看，正好避开了蚜虫迁飞的活跃期。但是对大棚蚕豆或早播的蚕豆来说，正好处在蚜虫易发的时间段内。蚕豆田在前一茬作物收获后，要及时翻耕晒垡；田块安排要恰当，要避开蚜源作物；要及时清除田间杂物，清除杂草，减少虫源；要科学施肥，多施有机肥，少施氮肥，尤其不能一次性施氮过多，避免叶片过于浓绿和徒长，如果植株体内碳水化合物骤增，蚜虫就会在短时间内暴发成灾；要适时灌水，加强田间管理，掌握合理的群体结构，使植株生长健壮，增强植株抗虫能力。

（2）天敌治蚜：蚜虫的天敌种类很多，主要有七星瓢虫、异色瓢虫、草蛉、食蚜蝇及蚜真菌，注意保护这些有益的天敌并加以利用，即可消灭大量蚜虫，将蚜虫的种群控制在不足以造成大面积为害的数量之内。当田间蚜虫不多而天敌有一定数量时，不要施用农药，以免伤害天敌、破坏平衡。当蚜虫为害达到防治指标需要用药时，也应在植株的受害部位用药，如植株的生长点、嫩叶、幼茎、叶背等，做到有的放矢，充分保护天敌。

（3）物理防治：①黄板诱蚜。有翅成蚜对黄色、橙黄色有较强的趋性，生产中可制作 15 cm×20 cm 大小的黄色纸板，并在纸板上涂一层 10 号机油或治蚜常用的农药，将黄纸板插或挂在蚕豆行间与蚕豆顶端持平。机油黄板诱满蚜虫后要及时更换，药物黄板可使蚜虫触药即死。②银灰膜避蚜：蚜虫对银灰色有较强的规避性，可在田间挂一些银灰色塑料条或用银灰色地膜覆盖避蚜。③将韭菜与蚕豆搭配种植，利用韭菜挥发的气味驱避蚜虫，以此可降低蚜虫的密度，减轻蚜虫对蚕豆的危害程度。

（4）药剂防治：重点防治病毒病流行区及蚜虫迁飞期的蚜虫，一般地区蚜虫扩散蔓延初期及时按指标施药。一般 7～10 d 1 次，连防 2 次，防治蚜虫药剂较多，如：①唑蚜威，氨基甲酸酯类杀虫剂。毒性中等，具有高效、高选择性、触杀和内吸等特点的专用杀蚜剂。使用 25% 唑蚜威乳油 2 000～3 000 倍液喷雾。②菊酯类农药。低毒—中毒，有触杀、胃毒作用，无内吸作用，活性高，药效迅速。此类药较多，用 2 000～3 000 倍液喷雾。长期使用害虫易产生抗性，应注意与其他类别农药交替使用。③烟碱化合物——吡虫啉，高效内吸性广谱杀虫剂，具有胃毒和触杀作用，持效期较长，低毒。10% 吡虫啉可湿剂使用 1 000～1 500 倍液喷雾。④辟蚜雾（抗蚜威），具有触杀、熏蒸和渗透叶面作用的氨基甲酸酯类选择性杀蚜剂，毒性中等，杀虫迅速、残效期短，对作物安全，不伤天敌。50% 水分散粒剂使用 2 000～4 000 倍液喷雾。⑤阿克泰，具有独特作用方式的第二代广谱烟碱化合物，活性高，有胃毒、触杀作用, 内吸性好, 渗透性强, 持效期长, 能在较短时间被作物吸收。能防治对有机磷、氨基甲酸酯类、菊酯类农药产生抗性的害虫。低毒, 25%水分散粒剂用7 500~15 000倍液喷雾。⑥天然植物农药苦参碱, 广谱杀虫剂, 具有触杀、胃毒作用, 低毒。1%苦参碱醇溶液用400~1 000倍液。⑦植物性杀虫剂鱼藤酮, 广谱杀虫剂, 有触杀、胃毒作用, 无内吸性, 见光易分解, 在作物上残留时间短, 对环境无污染, 对天敌安全, 毒性中等, 2.5%鱼藤酮乳油400~500倍液喷雾。⑧有机磷杀虫剂乐果、辛硫磷, 乐果有内吸性, 杀虫范围广, 有强烈的触杀和一定的胃毒作用, 毒性中等。40%乐果乳油用1 000倍液喷雾。辛硫磷以触杀、胃毒为主, 无内吸作用。杀虫谱广、击倒力强。对光不稳定, 易分解, 叶面喷雾残效期短。低毒。55%辛硫磷1 000倍液喷雾。

三、棕榈蓟马

棕榈蓟马 (*Thrips palmi* Karny) 是一种锉吸式口器的小型昆虫, 属缨翅目蓟马科, 是众多蓟马中的一种, 也是为害蚕豆的蓟马中主要的一种。棕榈蓟马成虫雌虫体长1.0~1.1 mm, 雄虫体长0.8~0.9 mm, 体色金黄色。头部近方形。翅2对, 翅周围有细长的缘毛, 前翅上脉鬃10根, 下脉鬃11根。腹部偏长。卵长约0.2 mm, 长椭圆形, 位于幼嫩组织内, 可见白色针点状产卵痕。初产时卵白色、透明。卵孵化后, 产卵痕为黄褐色。初孵若虫极微细, 1~2龄若虫淡黄色, 爬行迅速。预蛹体淡黄白色。蛹体黄色, 不取食。

棕榈蓟马发生特点: 浙江及长江中下游地区蓟马年发生10~12代, 世代重叠严重。多以成虫在茄科、豆科、杂草等上或在土缝下、枯枝落叶中越冬, 少数以若虫越冬。棕榈蓟马成虫具有较强的趋蓝性、趋嫩性和迁飞性, 爬行敏捷、善跳、怕光。平均每头雌虫可产卵50粒, 卵多散产于生长点内。棕榈蓟马可营两性生殖和孤雌生殖。初孵若虫群集为害, 1~2龄多在植株幼嫩部位取食和活动, 预蛹落地入土发育为成虫。棕榈蓟马若虫最适宜发育温度为

25~30 ℃，土壤相对湿度 20% 左右。棕榈蓟马主要以成虫和若虫锉吸植株心叶、嫩梢、嫩芽、花和幼果的汁液，被害植株嫩叶、嫩梢变硬缩小，生长缓慢，节间缩短；幼果受害后表面产生锈皮，茸毛变黑，甚至畸形或落果。长江中下游地区常年越冬代成虫在 5 月上中旬始见，6—7 月数量上升。在蚕豆人工春化大棚栽培时，棕榈蓟马常常从种植开始就一直为害。

棕榈蓟马防治要点：①农业防治。清洁田园，消灭越冬虫源。加强肥水管理，使植株生长健壮，可减轻为害。②蓝板诱杀。成虫盛发期内，在田间设置蓝板，设置蓝板 25~30 块/亩，有效诱杀成虫。③药剂防治。根据棕榈蓟马繁殖速度快、易成灾的特点，应注意在发生早期施药。当每株虫口达 3~5 头时，立即喷施。开始隔 5 d 喷药 2 次，以压低虫口数量，以后视虫情隔 7~10 d 喷药 2~3 次。药剂可选用 60 g/L 乙基多杀菌素悬浮剂 1 500 倍液，或 10% 溴氰虫酰胺可分散油悬浮剂 1 500 倍液，或 22% 氟啶虫胺腈悬浮剂 1 500 倍液，或 10% 氟啶虫酰胺水分散粒剂 1 500 倍液等喷雾防治。

第三节　蚕豆的草害防治

一、杂草的危害

全球约有 20 万种高等植物，其中杂草有 3 万多种，农田杂草占有 6 700 多种。在这些杂草中，有的有食用或药用价值，可以作为食料或药材，但绝大多数杂草对农作物有害。据统计，对人类直接造成经济损失的有害杂草有 1 800 多种。杂草对农田和农业的危害主要表现在以下 5 个方面。

（一）作物减产减收

杂草的根系庞大，吸收水肥的能力比作物强。当杂草和作物生长在一起时，它们会与农作物争夺水、肥、光等有限的资源，影响作物对养分的吸收，影响作物的正常光合作用，导致农作物的产量和质量下降。

（二）增加生产成本

防除杂草需要耗费大量的人工和时间，增加了生产成本。据统计，我国大田除草用工占田间劳动量的 1/3～1/2，每公顷田除草用工常超过 150 工。

（三）传播病虫害

很多作物病虫害的寄主和中间寄主就是杂草。作物出苗后，病虫害常由农田内外的杂草传播到作物上危害，成为作物病虫害初发生的来源。在作物生长期中，田间杂草也常是作物病虫繁殖、传播、加重危害的因素之一。一种杂草常可传播多种病虫害。

（四）直接危害人畜

例如，吃了混有多量苍耳籽的大豆加工品会中毒；混在小麦中毒麦量达 4% 时，人畜吃了有中毒甚至致死的危险；豚草花粉飞散空气中，人如吸入会引起"枯草热"，出现哮喘、鼻炎、皮炎等症状；毛茛体内含毒汁，牲畜误食会中毒。

（五）影响农田排灌

当杂草生长过多时，它们会使农田水利设施受到影响。水渠及两旁长满杂草，会堵塞灌溉渠道或减缓渠水流速、增加泥沙淤积，影响排灌。

综上所述，杂草对于农作物和农业生产具有很大的危害性，因此及时防治杂草是十分必要的。

二、蚕豆田主要杂草种类

据调查，危害蚕豆的杂草至少有 20 种，主要恶性杂草有：猪殃殃（茜草科，一年生或越年生）、婆婆纳（玄参科，一年生或越年生）、卷耳（石竹科，多年生）、繁缕（石竹科，一年生或越年生）、刺儿菜（又名小蓟，菊科，多年生）、蒲公英（菊科，多年生）、荠菜（十字花科，一年生或越年生）、早熟禾（禾本科、一年生或冬性禾草植物）、看麦娘（禾本科，一年生或越年生）、棒头草（禾本科、一年生或越年生）、酸模叶蓼（蓼科，一年生）、扁蓄（蓼科，一年生）、齿果酸模（蓼科，越年生或多年生）、平车前（车前科，一年生或越年生）等。

三、杂草防治

（一）蚕豆田常用除草剂

蚕豆是一种对除草剂非常敏感的作物。在生产实践中，经常会有在旁边田块施用除草剂时没有注意风的影响而使蚕豆受害，或者是喷施除草剂的喷雾器没有清洗干净而产生药害。蚕豆中常用的除草剂包括非选择性除草剂、芽前除草剂和禾本科杂草除草剂。

1. 二硝基苯胺类除草剂

这类除草剂包括氟乐灵、二甲戊灵等，是芽前土壤处理剂，通常在作物播种前或播后苗前使用，能有效防治一年生禾本科杂草，对藜、马齿苋、扁蓄、繁缕等一年生小粒种阔叶杂草也有良好的防治效果。

2. 酰胺类除草剂

酰胺类除草剂也是一类芽前土壤处理剂，有乙草胺、异丙甲草胺等，用于蚕豆田，具有较强的选择性和较高的除草活性，能防除一年生禾本科杂草及部分小粒种的阔叶杂草。

3. 三氮苯类

三氮苯类除草剂也是芽前处理剂，产品包括西玛津、莠去津等。这类除草剂具有低毒、选择性内吸传导的特点，其杀草谱广，对大多数一年生阔叶杂草、禾本科杂草防效好，持效期 20~70 d。需要注意的是，有机质低的沙质土不宜使用。

4. 芳氧基苯氧基丙酸类

芳氧基苯氧基丙酸类除草剂是一类防治禾本科杂草的高活性茎叶处理剂。常用产品有 6.5% 精吡氟禾草灵、5% 精喹禾灵、10.8% 高效氟吡甲禾灵等。这类除草剂可被植物根、茎、叶吸收，茎叶处理对幼芽的抑制作用大，施根部对芽抑制作用小、对根抑制作用大。

5. 环己烯酮类

环己烯酮类是一类结构比较复杂的新型内吸传导型除草剂，如烯草酮、烯禾啶等，具有高效、低毒的特点。其作用与芳氧基苯氧基丙酸类除草剂近似，对双子叶作物高度安全，对禾本科杂草有特效。

除上述除草剂，还有一些除草剂对蚕豆的杀伤性很强，有的品种还有内吸和传导作用，在蚕豆上使用时必须慎重。如联吡啶类、有机磷类等除草剂属于非选择性的茎叶处理剂。其中联吡啶类除草剂包括草除灵、敌草快等，它不具选择性，能杀伤所有植物的绿色组织。有机磷类的除草剂包括草甘膦等典型的非选择性除草剂。周边的田块上使用这2类除草剂时，也要远离蚕豆田。

（二）蚕豆田杂草防治

1. 播种前除草

在蚕豆田播种前，可以使用喷雾除草的方法来防治杂草。播种前的除草，可以使用20%敌草快水剂每亩200~250 ml，兑水30 kg进行均匀喷雾。施药后1~2 d即可播种。

2. 播种时除草

在播种时，可以使用芽前除草剂进行除草。每亩地可以使用48%氟乐灵100 ml，或50%敌草胺200 ml兑水喷雾。此外，也可以在蚕豆播种并盖严后喷药，每亩地使用50%扑草净100 g，33.3%二甲戊灵75~100 ml，或72%异丙甲草胺100 ml，或50%乙草胺100 ml，或24%乙氧氟草醚20~30 ml，以上任选一种兑水50~75 kg喷施，以防治未出土的杂草。需要注意的是，氟乐灵喷后需要进行浅锄混土，以获得良好防效。

3. 苗期除草

蚕豆田杂草在苗期一般有2个出草高峰，分别在10月底至11月下旬和12月下旬至1月中旬，这两次的出草高峰主要是出草早、生长期长、为害大。蚕豆田第一出草高峰时，杂草通常在播种后5~7 d开始出土，并在10~15 d内达到出草高峰。蚕豆出苗后，若要防除禾本科杂草，可在杂草3~5叶期，每亩使用5%精喹禾灵乳油 40~50 ml 或 10.8%高效氟吡甲禾灵 20~25 ml 或 15%精吡氟禾草灵乳油 40~60 ml，并加入 30 kg 水均匀喷洒。如果田块中杂草较多或草龄较大，可以适当增加用药量和用水量，低温环境下也应相应增加用药量。在蚕豆出苗后的双子叶杂草，建议结合田间松土，进行中耕除草。

4. 蚕豆蕾期以后除草

蚕豆进入蕾期除草时，应选择对蚕豆等阔叶植物安全的内吸传导型除草剂，如禾草克、盖草能等。在蚕豆田禾本科杂草 3~5 叶期，每亩可使用 10.8%氟吡甲禾灵 30 ml，或 15%精吡氟禾草灵 50~60 ml，或 10%精喹禾灵 30~40 ml，施药时，应选择杂草生长旺盛期，并添加洗衣粉等表面活性剂以增加药液的附着力。在施药过程中，要避免在风大时进行，以免药液溅到蚕豆上。

需要注意的是，使用除草剂的喷雾器在使用完毕后，应立即进行清洗，以免在喷洒其他药剂时对作物产生药害。

第四节　鼠害及其防治

我国蚕豆种植过程中，鼠害是一个不可忽视的问题，但由于栽培区域的不同，害鼠种类及危害情况也有所不同，就秋播区而言，危害蚕豆的害鼠主要以鼠科的种类为主，其优势种为黑线姬鼠、黄毛鼠、褐家鼠、黄胸鼠、大足鼠、小家鼠等。此外，还有高山姬鼠、卡氏小鼠、大绒鼠等。而在春蚕豆栽培区危害蚕豆的害鼠除鼠科种类外，还有仓鼠科、松鼠科及兔形目的鼠兔科等种类。同时由于同一栽培区，各地情况的差异，害鼠的优势种类也有差异。福建黄毛鼠占 70%~90%，褐家鼠、小家鼠、黄胸鼠、黑线姬鼠等占 10%~30%；四川黑线姬鼠占 40%，褐家鼠占 30%，大足鼠占 11%，小家鼠、高山姬鼠等占 19%；江苏黑线姬鼠占 62%、褐家鼠占 20%，其他 18%；云南黄胸鼠占 34%，褐家鼠 26%，大足鼠占 15%，卡氏小鼠、齐氏姬鼠、小家鼠等占 25%；甘肃优势种为中华鼢鼠、大仓鼠、黑线姬鼠、达乌尔黄鼠、达乌尔鼠兔等。内蒙古优势种为长爪沙鼠、布氏田鼠、中华鼢鼠等。山西优势种为达乌尔黄鼠、中华鼢鼠、褐家鼠和大仓鼠等。浙江慈溪常见的有黑线姬鼠、褐家鼠、小家鼠、黄毛鼠、黄胸鼠、社鼠、巢鼠等。

一、鼠害及其危害特点

在蚕豆生育期中，鼠害的侵害部位和特点各不相同，且危害程度也有所不同。在相同地区，早播、晚播、早熟及晚熟品种的蚕豆田受到的危害较为严重。当蚕豆田周围存在其他大片作物时，小块的蚕豆田更容易遭受危害。在南方，农田害鼠一年四季均在活动，它们没有洞内藏粮的习惯，会对作物造成持续的危害。害鼠的数量在4—6月和9—11月会出现2个高峰期。对于秋播蚕豆，其播种期、出苗期和幼荚期是受鼠害的影响最为显著的时期。

（一）播种期

此时农田中害鼠的数量正处于高峰期，它们会频繁活动并寻找食物。由于食物短缺，蚕豆种子成为了它们的目标。害鼠会在播种处挖掘盗食孔，一穴一穴地扒食蚕豆种子，造成严重的缺种现象。

（二）出苗期

此时害鼠数量仍处于高峰期，它们不仅会啃食幼苗，还会挖掘子叶部分，导致幼苗死亡，造成严重的缺苗断垄现象。

（三）幼荚期

此时害鼠正处于数量高峰前期，怀孕期的害鼠需要大量的食物。蚕豆幼荚成为了它们食物来源之一。害鼠会咬断植株、剥开幼荚并取食种粒，对蚕豆构成严重的危害。

二、鼠害的防治

（一）生态控制

主要是指通过一系列农业措施来破坏害鼠赖以生存的环境，使它们的取食和栖息条件变得恶劣，从而达到抑制或预防鼠害发生的目的。例如，在农田基本建设中，可以修建三面光水泥田埂、沟渠，并结合农事活动来捣毁、堵塞鼠洞，降低环境容鼠限量，控制害鼠种群数量上升。此外，也可以进行作物布局调整。合理安排作物的种植结构，精耕细作，以及水旱轮作，及时清除田间杂草，确保作物收割及时，并将粮食颗粒归仓，残留物归垛，也能有效减轻鼠害的程度。

（二）物理防治

是指使用器械或物理方法来捕捉、驱赶或消灭害鼠。例如，可以使用捕鼠器、灭鼠弹、灭鼠雷、鼠夹、鼠笼、地剑、压板、套扣、电子捕鼠器、灭鼠电网等器械来捕捉或驱赶害鼠。这种方法的成本较高，操作较为复杂，通常仅适用于局部地区或特殊环境防治少量害鼠。

（三）生物防治

是指用利用天敌、病原微生物灭鼠、微生物毒素灭鼠等生物因子来控制害鼠的数量。鼠类的天敌，每年能捕食大量的害鼠。在自然界，如猫、黄鼬、蛇类、猫头鹰、鹰等都是捕食害鼠的能手，所以保护鼠类天敌，对抑制鼠害发生、促进生态平衡具有重要意义。例如，可以引入天敌鸟类、蛇类等来捕食害鼠。1985年以前，慈溪当地的田间鼠害基本上以天敌控制为主。

微生物毒素：目前国内使用的微生物毒素，主要有C型肉毒杀鼠素、D型肉毒梭菌毒素，是由肉毒梭菌培养的代谢产物，是蛋白毒素，用于杀灭害鼠，在青海、四川、内蒙古、江苏等地用于农田灭鼠，对田鼠、褐家鼠、小家鼠、黑线姬鼠、布氏田鼠、大仓鼠等防治效果一般为80%～90%。对人、畜也比较安全。

（四）化学防治

是指使用化学药剂即各种杀鼠剂来毒杀或驱赶害鼠。杀鼠剂很多，常见的有胃毒剂、熏杀剂、驱避剂、绝育剂等。按来源又可分为无机杀鼠剂、有机合成杀鼠剂和天然植物杀鼠剂。按照杀鼠作用的特点可分为急性杀鼠剂和慢性杀鼠剂。

（1）胃毒剂：胃毒剂是通过害鼠食用，达到毒杀目的的药剂。常用的有杀鼠灵、杀鼠醚、敌鼠钠盐、溴敌隆等。这些杀鼠剂多为原粉、母粉、母液等，需使用饵料来配制，饵料的选择可以是麦类、豆类、谷类、玉米、大米、蔬菜、水果、薯类等。如何选择饵料，要从当地的实际情况出发，不同的鼠种对取食对象的喜食程度不一，同一鼠种在不同的地理环境和不同的季节，对食物的喜好也不同，所以，饵料的选择既要有普遍性，还要有针对性和诱惑性。在南方大多选择稻谷、麦子和玉米；在北方对营地下生活的害鼠，由于取食植物的根茎为生，选择块根、块茎等饵料为佳；对于食草的害鼠，选择新鲜蔬菜或草为好。

（2）熏杀剂：是通过熏蒸挥发产生有毒气体经呼吸道使害鼠中毒死亡的药物。熏杀剂在农田中使用主要针对洞口比较明显、洞系较简单的害鼠，该药具有强制性，不受害鼠摄食行为的影响，灭鼠效果也好，但对操作者较危险，需专业人员使用。

（3）驱避剂：是指通过化学反应散发出各种气味，使害鼠不去危害或盗食，对害鼠有驱避作用的药物。但这种药物要和杀鼠剂配合使用效果才好。常见的这类药物有福美双、八甲磷、灭草隆、环己酰、马拉硫磷等。如使用福美双浸泡蚕豆种子防治苗期病害的同时，可避免害鼠盗食种子，提高出苗率，出苗后用福美双作叶面喷洒防治，不仅可以防治病虫害，还可保住小苗不被鼠类危害。

总之，我们应该根据实际情况选择合适的防治方法，以有效地控制害鼠的数量并减少其对蚕豆造成的损失。

三、防治适期

鼠害是社会性生物灾害之一，鼠害防治的长远目标是把害鼠种群数量控制在较低水平，使之不足以对农业造成较大的危害，把危害损失降低到经济允许的水平以下，保持生态平衡，要结合农事活动和耕作制度，因鼠、因地、因时地贯彻"预防为主，综合防治"的植保方针，以药物防治为主，生物、物理、生态控制相结合的综合防治措施，总的防治策略是"春季普防，秋冬挑治"。南方地区重点抓好 2—3 月的大面积防治，秋冬季挑治高密度地区；北方地区则重点抓好 3—4 月防治，秋冬挑治重发生地区。

（一）春季防鼠

经过一个冬季，部分老、弱、病、残害鼠被淘汰，春天留下的个体，就是农田害鼠种群的鼠源。此时害鼠进入了繁殖高峰期，在南方地区 2—3 月蚕豆处于现蕾、开花期，此时开展大面积灭鼠可解决幼荚期鼠害严重的问题，保住幼荚。北方地区 3—4 月，蚕豆刚刚开始播种，害鼠活动频繁，有冬眠习性的害鼠逐步出蛰，由于其基数低，开展大面积灭鼠后，可达到事半功倍的效果，而且对保种、保苗有利，避免刚播种的蚕豆出现缺种、缺苗和断垄情况。

（二）秋季防鼠

经过夏季，害鼠数量有所上升，到了秋天，将出现害鼠数量高峰期。特别是春季灭鼠工作不扎实的地区，作物受害明显，需开展秋季鼠害防治。在南方地区 9—11 月，蚕豆开始播种，对害鼠扒食豆种严重的地区，开展鼠害防治，减少种子盗食率，提高出苗率是必不可少的；在北方地区 8—9 月，蚕豆已成熟，如蚕豆受害较重，就必须立即灭鼠，确保蚕豆丰收入库。

此外，在防治适期或适期之外，还要特别关注易发生鼠害的高密度地区，进行挑治。所谓挑治，就是要对蚕豆种植区开展鼠情预测预报工作，随时掌握鼠害发生情况，当蚕豆田用鼠夹捕获率在 5% 以上，或影响产量 3% 以上时，就应做好灭鼠准备，积极开展重点防治工作，以减低鼠害损失。

第七章　蚕豆产业化开发与利用

蚕豆营养丰富，食用方法多样，可以作粮食、菜肴、休闲食品、调味品等，并可通过工业化生产提取淀粉、蛋白质、肽、氨基酸，可作食品、医药、化工、饲料等多种产品，是工业生产的重要原料以及环保监测的重要测试材料之一。蚕豆开发前景十分广阔。

第一节　蚕豆的产业化开发

蚕豆作为一种食品，不仅可以直接食用，还可以经过加工制成多种产品。在现代工业化生产中，蚕豆的产业化开发已经成为了重要的产业之一。主要的产品有蚕豆罐头、蚕豆豆奶、蚕豆代乳粉、蚕豆酱、蚕豆淀粉与蚕豆蛋白、蚕豆蛋白肽、蚕豆粉丝等。

一、蚕豆罐头

蚕豆罐头是蚕豆的主要加工产品之一。近年来，我国蚕豆罐头产业发展迅速。

制作蚕豆罐头的主要原料是：蚕豆、精盐、香油、调味品等。其加工工艺流程是：原料选择→清洗→浸泡→预煮→称重→配料→装罐→注汁→排气→封盖→杀菌→冷却→成品。其中，浸豆、预煮和杀菌是关键技术。

（一）浸豆

浸泡蚕豆有 2 种方法，冷浸和热浸。热浸是将干豆在 40～50 ℃温水中浸泡 24 h，每 8 h 换 1 次水。冷浸则是将干豆浸泡在常温自来水中，时间为 36~48 h。由于冷浸法处理的豆粒色泽变化小，豆粒膨胀充分，裂豆、芽豆数量较少，因此一般采用冷浸法。

（二）预煮

将蚕豆装入斗式预煮机中，以不超过其容量的 1/4 为宜，并完全浸没在沸水中。预煮时间根据豆粒大小而定，一般控制在 12~14min 内。预煮后应迅速冷却，以防止豆粒变色。

（三）杀菌

杀菌时间是蚕豆罐头加工中的关键之一。过长或过短的杀菌时间都会导致豆粒变色。经试验证明，以 121 ℃杀菌 15~60 min 为宜。

二、蚕豆豆奶

以蚕豆为原料的豆奶制作方法有干法、湿法和半湿法 3 种。加工制作过程中的重点是解决抗营养因子和抑制"豆腥"味，以及生产过程中的褐变现象等问题。

（一）加工方式

（1）干法加工：采用干热灭酶、干法粉碎工艺，原料利用率高，不产生废水，但设备要求高、投资大，不易达到理想效果。

（2）湿法加工：采用湿热灭酶、湿法粉碎工艺，设备要求低，产品质量易于保证，但原料利用率低，产生废水。

（3）半湿法加工：采用干热或略加水灭酶和湿法粉碎工艺，兼有两者优点，无须过多设备，不产生废水，质量易于保证。

（二）生产流程

（1）准备原料：蚕豆、食盐、食糖、乳化剂等。

（2）设备准备：磨浆机、匀质机等。

（3）工艺流程：蚕豆→钝化→剥皮→酸浸泡→漂洗→碱浸泡→漂洗→磨浆→调质→均质→熟化→杀菌→成品。

（三）工艺条件

（1）钝化与剥皮：将蚕豆置入 95 ℃恒温条件下加热 15 min，取出冷却剥皮。

（2）浸泡与漂洗：酸浸泡：将去皮蚕豆，以食用酸（醋酸或其他酸）溶液，调节 pH 值 3～4，温度 60～80 ℃，浸泡 30 min 左右后，放出酸液，用清水漂洗 1～2 次。碱浸泡：经酸浸泡后的蚕豆仁放入 0.2% NaHCO₃ 水溶液中，保温 80 ℃左右，浸泡 30 min 后放出碱液，用清水漂洗 1～2 次。

（3）磨浆：在磨浆机内，边磨边加入 200～300 mg/kg 的 NaHCO₃ 热水液，此时加入的水量计入总加水量。

（4）调质：在豆浆中加入 2%～3% 油脂，适量食盐、食糖和乳化剂，搅拌均匀，并按干物质：水 = 1：10 的比例，使总加水量调节为额定值。

（5）匀质和熟化：调质豆浆在匀质机内进行第一次匀质后，进行熟化，再进行第二次匀质。

三、蚕豆代乳粉

蚕豆代乳粉属于豆类固体饮料，生产过程中有干燥喷雾工序，产品形态为粉末状。蚕豆经磨粉、调浆和酶处理后，可用于制备代乳粉，加工后具有可接受的感官质量，经过营养强化后，其必需氨基酸含量接近或符合 FAO 推荐的参考模式。

生产工艺：蚕豆→脱壳→粉碎→调浆→淀粉酶和蛋白酶处理→营养强化调香→匀质→巴氏杀菌→干燥喷雾→代乳粉成品。

四、蚕豆酱

蚕豆酱是以蚕豆为主要原料的发酵调味品，是我国传统调味品之一，其种类繁多，风味各异。蚕豆酱的酿造方法和规模受经济的发展和市场的影响很大，形成了工业化生产和作坊式生产及家庭自酿并存的局面。目前，工业化生产正在不断增加，后两者不断减少。在全国享有盛誉的生产规模大的有四川郫县豆瓣酱，已有100多年的酿造历史；安徽省安庆市胡玉美豆瓣酱曾4次在国际博览会上获奖。这两种豆瓣酱在我国西部和东部地区各领风骚。

蚕豆酱的生产工艺：蚕豆→清洗→浸泡→蒸熟→冷却→面粉混合→种曲接种→厚层通风培养→蚕豆曲→蚕豆→发酵容器→自然升温→加第一次盐水→加第二次盐水→翻酱→成品→包装。

五、蚕豆淀粉与蚕豆蛋白生产

（1）首先将脱皮蚕豆磨成粉，然后加入氢氧化钠的水溶液调成浆状物（固液重量比为1∶4），离心分离（或旋液分离器分离）。离心机为筐式、直径32 cm、2 400 r/min。所得固体为粗淀粉。

（2）上层清液通过调整pH值、超过滤渗析等操作得到分离蛋白。

（3）将粗淀粉再调成浆状采用多层逆流旋液分离器不断水洗、过滤。最后得纯净淀粉。

蚕豆蛋白质水溶性好，大多数残存在废水中，从而导致抛弃造成环境污染。将制淀粉与蛋白质生产结合起来，并制定合适的工艺，可以得到理想的淀粉与蛋白，促进蚕豆蛋白质的综合利用，提高综合效益。蚕豆淀粉与蛋白的主要生产工艺如下：

蚕豆→洗净→碱液浸泡→去皮→浸泡→磨浆→浆渣分离──
┌─渣→过滤→沉淀→干燥→淀粉
└─上精液→加酸→沉淀→干燥→蛋白质

六、蚕豆蛋白肽

利用蚕豆酶解制取的生物活性肽广泛应用于食品、生物制药、化妆品、饮料添加剂等领域，随着研究的不断深入，蚕豆蛋白肽在未来将有很大的发展空间。

生产工艺：蚕豆蛋白→加水溶解→调节溶液温度及 pH 值→加酶酶解→灭酶→酶解液浓缩→喷雾干燥→包装→成品。

七、蚕豆粉丝

粉丝是蚕豆淀粉加工的主要食品。蚕豆粉丝丝条细匀，洁白透亮，富有韧性，口感滑爽，久煮不糊，营养丰富，食用方便，是家庭及饮食热烹、冷拌之佳品，颇受国内外消费者欢迎，有很多产品出口日本、韩国、泰国、缅甸等国家。全国有大小加工厂 2 000 余家。

生产工艺：蚕豆淀粉→粉碎→冲芡→合面粉→漏粉丝（漏入开水锅中）→捞出冷却（冷水中）→理粉上杆→再次冷却（冷水中）→上架整理→冷处理→浸泡→洗粉→上架干燥→打包入库。

第二节　蚕豆的小食品加工

小食品的种类从严格意义上来说，可分为三大类：无添加零食、粗加工零食和深加工零食。市面上常见的小零食品种很多，蚕豆就是其中主要加工原料之一。

一、油炸蚕豆

油炸蚕豆具有营养丰富、香酥脆可口、食用方便、耐贮藏的特点，是为人们所喜爱的民间小吃。

（一）原料

蚕豆、棕榈油或香油。

（二）生产工艺

原料清洗分级→精选蚕豆→浸泡→切割→脱皮→离心脱水→油炸→离心脱油→调味→成品（兰花豆、玉带豆、油炸豆瓣等）。

（三）主要技术

（1）浸泡：将预处理后的蚕豆在室温下用水浸泡30 h左右，以蚕豆即将发芽、易剥皮为宜。

（2）脱皮：将浸泡好的蚕豆捞出后，沿轴向下切口，油炸后即成兰花豆。也可用双辊筒脱皮机脱皮，分离皮壳后的豆瓣入水浸泡或在蚕豆头尾各去除一部分，油炸后即成玉带豆。

（3）糊化：膨化前先进行糊化，有利改善蚕豆组织结构，有利膨化。未经糊化的蚕豆，油炸时水分不足，膨化效果较差。在糊化工艺上，随着温度增加，淀粉分子间氢键断裂，糖环上的羟基与水分子结合而糊化，使产品膨松、酥松，复水后再糊化。蚕豆经100 ℃煮沸3 min，于80 ℃糊化，既可保持完整豆粒，也可获得较高的糊化度，糊化时间以30 min以上为好。油炸使蚕豆中的水在短时间内，高温受热为过热蒸汽，在内形成膨胀压力，随水分的迅速蒸发，使蚕豆组织形成大量细密的气孔，达到充分膨胀酥松目的。油炸时间以5 min为宜。

（4）脱水：以上工序处理后的蚕豆（瓣）用离心机脱水。

（5）油炸：将处理好的蚕豆（瓣）用饱和度较高的精炼植物油或氢化油在180~190 ℃时，油炸6~8 min（实际生产中，油炸时间与批量、油温等参数有关），以成品酥脆为宜。高建华等试验糊化时间40 min，油温160 ℃，油炸时间6~8 min，蚕豆含油量12.5%~13.5%，硬度14.0~14.4 kg/cm^2，吸光率0.305~0.413为宜。

（6）脱油：离心机脱去蚕豆（瓣）表面附油。

（7）调味：根据需要，加入粉末调味料，拌匀。

（8）成品：成品冷却至室温时称重包装。

（四）油炸蚕豆瓣质量指标

水分4.8%，粗蛋白29%，粗脂肪14.1%。据甘肃石永峰测定油炸后的蚕豆还含有碳水化合物47.2%，热量每100 g为

1 599.4 kJ，每 100 g 含钙 55 mg、磷 340 mg、硫胺素 0.39 mg、核黄素 0.27 mg、尼克酸 2.6 mg。

二、五香豆

（一）原料

蚕豆、食盐、糖精、八角、茴香、肉桂等。

（二）制作

精选大量白皮蚕豆，剔除病、虫、瘪、破损豆粒。旺火水煮：豆粒入锅加水淹过豆粒 7~8 cm，旺火煮 30 min。

去涩沥干：煮后清水冲洗，去掉种皮单宁涩味，沥干。

加料文火煮：每 5 kg 蚕豆加精盐 500 g、糖精 40 g，八角、茴香等香料适量，文火煮 30 min，起锅沥干。

喷拌食用香精。每 5 kg 蚕豆喷食用香精 5 g，拌匀。

晾晒包装。晾晒或低温脱水至种皮发皱，豆粒半干，包装。一般用塑料袋封口包装。

（三）产品特点

具有熟而不烂，连皮食用，咸中带甜、回味无穷，不燥火、耐咀嚼，蛋白质、淀粉丰富，低脂肪，耐贮藏。

三、茴香豆与五香辣味豆

（一）原料

蚕豆、香料（大茴香、桂皮）、精盐适量。

（二）制作方法

将蚕豆入锅，加水煮沸 15~20 min，加香料和盐，边煮边搅拌，待锅的水即将煮干，即成茴香豆。

如在加料时再增加少量甘草、辣味粉，即成为五香辣味豆。

（三）产品特点

香味独特，细细咀嚼，回味无穷，不仅美味可口，营养丰富，还具有益脾健胃利湿的功效。

四、卤蚕豆

（一）原料

蚕豆、食盐、八角、茴香、罗汉果。

（二）制作

蚕豆精选、洗净，加水入锅煮 15～20 min，滤水，入另锅，加水，加罗汉果、八角和食盐继续煎煮 10～15 min，佐料入味，水亦煮干，起锅，晒至蚕豆半干，装袋、入缸，贮藏，也可即食。

（三）产品特点

咸甜爽口、香味浓郁，耐咀嚼、不躁火，是理想的旅游食品。

第八章　蚕豆的速冻和保鲜

第一节　蚕豆的速冻

一、蚕豆速冻的概念

蚕豆速冻从通俗的概念讲，就是通过冷却使被处理的蚕豆在 $-35\sim-30$ ℃下，冻结时间 $8\sim10$ min，使蚕豆内快速达到-18 ℃，并保存在-18 ℃以下的冷库中。

试验研究证明：-18 ℃以下保存的速冻蚕豆，能使各种细菌、酶处于抑制状态，而一旦温度达到-18 ℃以上时，蚕豆表面的细菌和蚕豆组织内部的酶的活动就会加强，而且蚕豆内部的冰晶也会快速增大，损坏蚕豆的细胞和组织结构，使蚕豆营养被破坏，品质降低，失去蚕豆原有的味道和营养价值。

鲜蚕豆速冻延长了保鲜时间，是远距离流通的一种重要的手段。速冻蚕豆以其营养丰富、味道鲜美和保鲜状态良好而备受国内外消费者的青睐。近年来，欧美、日、韩等市场对我国的速冻蚕豆需求量日趋增加。

二、蚕豆速冻的操作

（一）工艺流程

原料验收→剥豆荚→浸泡→清洗→分级→漂烫→冷却→冻结→包装→冷藏

（二）操作技术要点

（1）原料验收：要求豆荚呈淡绿或青绿色，色泽正常一致；无病斑、虫蛀、机械伤；豆粒组织鲜嫩、饱满、无虫蛀孔、大小一致，长度 2.5 cm 以上。

（2）剥豆荚：原料验收后，应及时加工，下车后的原料要平铺在阴凉通风处，防止发热褐变；剥豆时防止豆粒表面损伤，剥下的豆粒要及时放入清洁水中。

（3）浸泡：剥好的豆粒，集中放进水池中，为增强浸泡效果，水中放入 1%~2% 的盐。

（4）清洗：浸泡过后的豆粒用自来水清洗，漂净杂质。

（5）分级：先除杂、除劣，拣出带有虫孔、机械伤和脐部黑色重的豆粒，然后按产品规格进行分级。

（6）漂烫：在 96~98 ℃ 的盐水中漂烫，漂烫时间根据豆粒大小、成熟度等情况酌情而定。浸烫时大部分豆粒上浮，变成嫩（鲜）绿色，豆仁中心部留有 2~3 mm 白色豆仁，即为适度。

（7）冷却浸烫后的豆粒，突然受冷会使豆皮显著收缩呈皱纹状，冷却应分次进行，放进冷却循环水中，直至 15 ℃ 以下取出沥水。

（8）沥水：冷却至 15 ℃ 以下，取出控去浮水。

（9）冻结：在 -30 ℃ 以下的速冻机中进行速冻，一般在 8~10 min 内，使蚕豆表面温度降到 -18 ℃ 以下，完成后装入大包装容器中。

（10）冷藏：将大包装的冻蚕豆置于 -20~-18 ℃ 的冷藏库中冷藏。注意商品入库须及时、定量，库温应保持稳定，以防蚕豆变色、变味及组织损坏。

（11）包装：根据不同的销售渠道和要求，按不同的级别分别包装，封口，置包装箱内，摆放整齐，箱外胶带封口。即可出厂或转入冷库待运。

第二节　鲜蚕豆荚的保鲜

菜用的青蚕豆，应保持豆粒柔嫩鲜甜，但由于采收时已进入初夏的高温季节，采后极容易变质，特别是鲜嫩的蚕豆粒被从蚕豆荚中剥出来后，更不容易贮藏，必须经过速冻等加工才能保存。所以，蚕豆荚的保鲜，是延长蚕豆鲜销期，满足消费者需要的重要手段。

青蚕豆荚冷藏保鲜的主要工艺流程为：贮前准备→收购入库→预冷→防腐灭菌→装袋扎口→贮期管理

一、贮前准备

青蚕豆荚贮藏需要一个隔热良好、有货架的保鲜库，在青蚕豆荚入贮前 2~3 d 将库温降到 -2 ℃。青荚保鲜贮藏可分为长期和短期 2 种。长期贮藏需要准备规格为装量 30 kg 左右、厚度 0.05 mm 的 PVC 保鲜袋，要求对每只袋进行检验。短期贮藏可采用额定装量 30 kg 左右的牢固编织袋。

在青蚕豆荚入库前应对保鲜库进行消毒，应选用高效，对人体无毒害的消毒剂，目前常用的有漂白粉、福尔马林（40%甲醛溶液）或高锰酸钾和甲醛的混合液。消毒时用喷雾器把库房内表面均匀喷洒消毒剂，然后关闭库房 4 h 左右，然后开门通风 1 h。

二、采收入库

适时采收是确保蚕豆保鲜成功的关键。青蚕豆采收的具体标准为适度熟为好。此时荚面微凸，背筋刚现淡褐色，黑色种脐的品种要求种脐为绿色，未现黑线时采收为宜。要求豆荚色泽鲜绿，表面光滑无黑斑，带柄采摘，外壳观察无明显病害或机械伤。采收时严禁雨后采收、带露采收，采前一周应停上灌水。收购后应注意尽量散热，不堆压，有条件的应尽快运往保鲜库，运输途中注意防雨防晒，如长途运输应使用冷藏车或产地预冷运输。

三、预冷加工

青蚕豆荚采收后应迅速整理装入丝网编织袋。整理时应放在阴凉低温处，组织人员迅速剔除老豆荚、豆叶和受伤豆荚后，入库预冷。

四、防腐灭菌

当青蚕豆荚预冷到贮藏温度时，要进行防霉保鲜处理。防霉处理可以消灭青蚕豆荚在田间或运输过程中感染的病菌，减少贮藏后期霉烂。防霉处理一般是喷洒配制好的防霉杀菌剂。喷洒时注意操作人员的个人安全防护。

五、装袋扎口

在青豆荚降到合适的温度时，且经过防霉杀菌后，就可以装入保鲜袋了。青蚕豆荚装袋时速度要快，每只袋装量应接近标准重量。待青蚕豆荚全部装袋完毕后扎紧袋子的袋口，袋口要扎紧，以防漏气。

六、贮藏管理

稳定的库温是青蚕豆荚保鲜成功的关键。库温要做到恒定、均衡：一是库温要恒温，波动要小于 0.5 ℃，这样才能有效控制青蚕豆荚的新陈代谢，防止袋中结露。二是库内各处库温要均衡。要设法均衡库内各部分温度，尽量保证各部分温度在 0~1 ℃，缩小温差。青蚕豆荚呼吸强度大，在贮藏初期，要每天敞门 2~3 次，每次 2~3 min。装蚕豆荚的保鲜袋，前期一般 4~5 d 开袋 1 次，后期一般 5~7 d 开袋 1 次。青蚕豆荚含水量较大，因此其库中相对湿度可控制在 90%~95%，但保鲜袋中尽量不要结露，以免引起蚕豆荚表面发黑、霉烂。

主要参考文献

曹卫星，何杰升，丁艳锋，2001. 作物学通论 ［M］. 北京：高等教育出版社.

柴本旺，1993. 蚕豆豆奶制取研究 ［J］. 郑州粮食学院学报（2）：23-27.

超东海，张洪，黄建韶，2005. 蚕豆蛋白提取工艺的研究 ［J］. 食品与机械，21（2）：32-33.

陈海玲，郭媛贞，李碧琼，2007. 蚕豆外引品种生态适应性的综合评价 ［J］. 江西农业学报（10）：32-33.

陈世勇，1992. 应用免疫酶法选育胞质雄性不育性状稳定的蚕豆 ［J］. 农业新技术新方法译丛（2）：14-19.

陈素珍，1994. 蚕豆高产低耗优化模式栽培研究 ［J］. 云南农业科技（5）：3-6.

崔士友，徐洪琦，1989. ICARDA 蚕豆种质资源研究概况 ［J］. 园艺与种苗（4）：53-55.

崔世友，缪亚梅，2004. 蚕豆产量研究与高产育种 ［J］. 湖北农学院学报（1）：11-14.

杜守宇，田恩平，温敏，等，1993. 马铃薯间作蚕豆的效益评价与栽培技术研究 ［J］. 中国马铃薯（4）：234-238.

高迪明，1996. 蚕豆杂交成功率初探 ［J］. 长江蔬菜（3）：26-27.

高建华，蔡雅图，1997. 油炸蚕豆工艺研究 ［J］. 广州食品工业科技，13（2）：16-20.

龚畿道，1987. 关于蚕豆育种工作的几个方面［C］. 蚕豆论文集.

龚畿道，冯福锦，宋嘉声，1985，蚕豆自然异交率的研究［J］. 上海农学院学报（3）：181-188.

龚兰芳，范文红，2008. 玉溪市南美斑潜蝇发生规律调查［J］. 广东农业学报（1）：42-45.

郭安生，1984. 蚕豆栽培技术［M］. 长沙：湖南科学技术出版社.

郭兴莲，刘玉皎，2008. 蚕豆育种研究进展及展望［J］. 北方园艺（11）：61-63.

郭媛贞，陈海玲，李碧琼，等，2010. 云南蚕豆品种的模糊综合评判［J］. 安徽农学通报（15）：99-100.

郝桂震，周文山，1998. 浅山地区蚕豆马铃薯带田栽培技术及增产效益浅析［J］. 青海农林科技（14）：12-14.

胡晨康，王九松，谢杏松，1998. 蚕豆同型合并育种方法初探［J］. 浙江农业科学（5）：248-249.

胡官庆，丁咸宝，章剑，等，1998. 棉稻豆等主体间作与棉花油菜连作效益比较［J］. 安徽农业科学，16（2）：133-134.

黄德琍，潘重光，赵则胜，等，1985. 蚕豆愈伤组织的诱导和再生苗的研究［J］. 上海农学院学报（1）：1-5.

黄丁，2010. 蚕碗豆的药用价值［J］. 东方食疗与保健（6）：45.

黄琼，杨永红，汤翠风，等，2000. 蚕豆品种抗细菌性茎疫病鉴定［J］. 云南农业大学学报（3）：287-288.

黄琼，张朝雷，吴通，等，2000. 蚕豆细菌性茎疫病发生规律及防治［J］. 植物保护，26（2）：1-3.

黄群，麻成金，孙术国，2009. 超声波辅助提取蚕豆蛋白及其功能特性研究［J］. 食品与发酵工业（8）：179-182.

黄云鹏，1989. 蚕豆常见病虫害及其防治［J］. 湖北农业科学

（11）：4.

季旭东，2004. 青蚕豆保鲜技术规范及工艺流程 ［J］. 中国果菜（5）：38-39.

蒋成爱，2000. 高寒地区地膜点播蚕豆的增产效益及栽培技术［J］. 青海农林科技（3）：55-56.

蒋学彬，2000. "库式育种"理论初探及其在蚕豆上的应用［J］. 阿坝科技（2）：46-54.

蒋学彬，2000. "库式育种"新概念的提出［J］. 阿坝科技（1）：26-29.

焦春海，1989.ICARDA 的蚕豆育种概况［J］. 世界农业（7）：21-24.

焦春海，1989. 国际蚕豆改良的进展和趋势［J］. 湖北农业科学（10）：35-37，40.

焦春海，1991.ICARDA 的蚕豆育种特点及进展［J］. 种子（3）：35-36.

金桓先，1986. 蚕豆栽培技术［M］. 北京：农业出版社.

邝伟生，林妙正，1990. 蚕豆主要数性状的遗传力及相关初步研究［J］. 广西农业科学（4）：9-11.

郎莉娟，1982. 浙江省蚕豆地方品种的整理利用［J］. 浙江农业科学（6）：315-319.

郎莉娟，1989. 浙江省蚕豆生产和科研进展［C］. 杭州国际蚕豆学术讨论会论文，1989 年 5 月 24—26 日.

郎莉娟，1994. 利丰蚕豆［J］. 浙江农业科学（5）：237-238.

郎莉娟，应汉清，1990. 大粒型蚕豆的选育研究［J］. 浙江农业科学（5）：212-216.

郎莉娟，应汉清，1994. 多花多荚型高产蚕豆新品种的选育［J］. 浙江农业科学（4）：230-233.

李存芳，1993. 蚕豆罐头的变色及检验固形物方法的探索［J］. 食品工业（2）：24-25.

李华英，黄文涛，李畜全，1983. 蚕豆数量性状遗传变异及其遗传相关研究 [J]. 青海农林科技 (3)：8-13.

李南，2002. 蚕豆粉丝加工方法 [J]. 云南农业 (1)：26.

李萍，2010. AFLP 分子标记技术在蚕豆遗传育种中的应用 [J]. 湖北农业科学 (1)：201-203.

李清泉，2008. 旱地蚕豆种植与应用初探 [J]. 安徽农学通报 (7)：221.

李月秋，彭宏梅，梁仙，2002. 蚕豆种质资源农艺性状与蚕豆锈病抗性研究 [J]. 中国农学通报 (1)：31-32.

梁威，1994. 蚕豆中抗营养因子的作用及蚕豆营养价值的提高 [J]. 饲料工业，14 (12)：6-7.

廖云飞，杜瑜，2003. 青蚕豆护绿保鲜方法的研究 [J]. 西藏科技 (6)：17-19.

刘定富，顾正清，王曾，等，1996. 蚕豆特矮秆突变体的遗传研究 [J]. 遗传 (4)：8-11.

刘琼芳，1984. 蚕豆栽培 [M]. 昆明：云南人民出版社.

刘琼芳，1985. 蚕豆栽培技术 [M]. 北京：农业出版社.

刘月香，1998. 蚕豆生长环境因子及氮磷钾肥的增产效应 [J]. 上海农业科技 (1)：43-45.

刘镇绪，1981，国外蚕豆研究概况 [J]. 云南农业科技 (5)：22-30.

龙静宜，林黎奋，侯修身，1989. 食用豆类作物 [M]. 北京：科学出版社.

卢鹏，袁红银，蔡良华，等，2018. 不同杀菌剂对蚕豆霜霉病的田间防治效果 [J]. 浙江农业科学，59 (4)：598-600.

卢永莲，2023. 蚕豆栽培管理技术与病虫害防治措施 [J]. 种子科技 (8)：99-102.

罗菊芝，1980. 胡豆抗病新种 - 成胡九号 [J]. 今日种业 (5)：15.

马镜娣, 庞邦传, 王学军, 等, 2002. 江苏省蚕豆种质鉴定和评价利用 [J]. 南京农专学报 (2): 31-32.

缪亚梅, 王学军, 陈满峰, 等, 2010. 鲜食蚕豆主要农艺性状的遗传变异相关性和主成分分析 [J]. 河北农业科学 (10): 95-97.

潘元风, 唐书泽, 谭斌, 2007, 蚕豆淀粉湿法分离中浸泡条件的选择 [J]. 食品与机械, 23 (2): 50-52.

庞邦传, 等, 1998. 蚕豆追施氮肥对产量的影响 [J]. 江苏农业科学 (5): 33-35.

阮兴业, 1987. 施用磷钾肥减轻蚕豆苗期根病和增产的效果 [J]. 云南农业大学学报 (2): 27-30.

上海农学院农学系, 1986. 蚕豆高产栽培技术及其原理 [J]. 上海农学院学报 (1): 7-14.

尚德义, 1999. 宁南阴湿山区蚕豆合理施肥量研究 [J]. 宁夏农业科技 (2): 16-17.

施汉民, 1985. 蚕豆在南方棉区的地位与作用 [J]. 中国棉花 (5): 17-18.

宋度林, 柯东辉, 胡勤勉, 等, 2022. 鲜食蚕豆浙蚕 1 号选育及栽培技术 [J]. 浙江农业科学 (12): 2833-2836.

宋世治, 杨俊森, 戴占喜, 1986. 胡豆种植与加工利用 [M]. 成都: 四川科学技术出版社.

唐代艳, 1990. 湖北省蚕豆地方品种资源的研究与利用 [J]. 湖北农业科学 (11): 16-18.

田晓红, 谭洪卓, 谭斌, 等, 2009. 我国主产区蚕豆的理化性质分析 [J]. 粮油食品科技 (2): 7-12.

万正煌, 陈宏伟, 仲建锋, 等, 2013. 外引蚕豆种质资源鉴定与形态多样性 [J]. 湖北农业科学 (23): 5700-5704.

王桂贞, 1995. $^{60}Co\gamma$ 射线照射蚕豆干种子的剂量效应 [J]. 核农学通报 (4): 184-186.

王候聪，杨善民，郑涛，1997. 辐照蚕豆成熟花粉的细胞学效应［J］. 核农学通报（4）：204-208.

王立秋，1994. 蚕豆种质资源及性状遗传研究概况［J］. 国外农学（杂粮作物）（1）：19-20.

王丽萍，刘镇绪，1997. 云南省蚕豆品种的多样性［J］. 云南农业科技（4）：14-15.

王佩芝，刘志政，贾仁宽，等，1995. 春蚕豆优异种质资源综合评价［J］. 作物品种资源（4）：19-20.37.

王清湖，1996. 接种根瘤菌和施磷对蚕豆共生固氮及产量的影响［J］. 甘肃科学学报（4）：16-19.

王蕊，2007. 魔芋蚕豆粉条加工工艺［J］. 江苏食品与发酵（4）：29-31.

王淑英，1999. 甘肃春蚕豆覆草栽培整体功能效应研究［J］. 西北农业科技（1）：64-68.

王小波，钟永模，余冬梅，等，1997. 川东北及川西南蚕豆种质资源考察与鉴定［J］. 作物品种资源（3）：16-17.

吴春芳，唐益其，姜永平，等，2007. 蚕豆育种研究进展（Ⅱ）：蚕豆育种目标、方法及展望［J］. 上海农业学报（3）：113-116.

西北农学院，等，1979. 作物育种学［M］. 北京：农业出版社.

夏明忠，1992. 蚕豆栽培生理［M］. 成都：四川科学技术出版社.

夏明忠，1998. 蚕豆生理生态研究［M］. 成都：四川科学技术出版社.

熊凡，1980. 浅谈蚕豆在川中丘陵区的地位与作用［J］. 土壤肥料（2）：14-16.

熊双莲，等，1996. 硼对蚕豆生长及根瘤固酶活性的影响［J］. 华中农业大学学报（5）：448-449.

徐东旭，姜翠棉，宗绪晓，2010. 蚕豆种质资源形态标记遗传多样性分析［J］. 植物遗传资源学报（4）：399-406.

徐可灿，杨鸿飞，王文卿，1981. 蚕豆低产原因与高产栽培技术探讨［J］. 浙江农业科学（5）：235.

徐正华，刘国屏，1989. 蚕豆、绿豆和大豆组织培养和移苗技术的研究［J］. 西南农业学报（4）：48-50.

薛志成，2007. 蚕豆食品系列加工产品［J］. 杭州食品科技，85（2）：19.

严伟民，1995. 速冻蚕豆加工工艺及质量要求［J］. 肉类工业（6）：47.

杨海，1999. 蚕豆覆膜马铃薯带状栽培模式研究［J］. 青海农林科技（2）：20-22.

杨鸿飞，1982. 蚕豆钼肥施用方法试验［J］. 浙江农业科学（6）：319-320.

杨俊品，罗菊枝，1996. 中国蚕豌豆育种进展［J］. 西南农业学报（9）：143-146.

杨绍聪，1991. 蚕豆"花而不实"症发生原因及防治方法研究初报［J］. 土壤肥料（6）：44-45.

杨绍聪，1994. 云南蚕豆主产区蚕豆生理性硼症调查与分析［J］. 云南农业科技（4）：4-6.

杨绍聪，1995. 蚕豆缺硼症的发生与防治研究［J］. 土壤肥料（4）：28-29.

杨武云，余冬梅，2004. 蚕豆低异交率结实特性的初步研究［J］. 西南农业学报（2）：271-272.

杨忠，李秀培，1994. 高产稳产蚕豆新品种"凤豆4号"［J］. 云南农业科技（5）：26-27.

杨忠，李秀培，段杰珠，1994. 大理州蚕豆育种的回顾与发展［J］. 大理科技（2）：11-15.

叶茵，2003. 中国蚕豆学［M］. 北京：中国农业出版社.

尹协芬，翁仁官，1990. 蚕豆种皮微形态与品种鉴定的关系 [J]. 上海农业学报（2）：81-84.

游修龄，1993. 蚕豆的起源和传播问题 [J]. 自然科学史研究，12（2）：166-173.

于兆海，韩玉科，1983. 蚕豆遗传育种研究进展 [J]. 杂粮作物（3）：43-47.

余东梅，2012. 我国蚕豆育种进展 [J]. 安徽农业科学（3）：1403-1406.

俞大绂，1979. 蚕豆病害 [M]. 北京：科学出版社.

袁名宜，2000. 高寒地区蚕豆马铃薯套种高产栽培技术 [J]. 作物杂志（3）：19-20.

袁名宜，等，1998. 蚕豆全息胚定域选种法应用初探 [J]. 国外农学（杂粮作物）（4）：18-19.

云南省土肥站，刘玉皎，熊国富，等，1990. 云南土壤 [M]. 昆明：云南科技出版社.

曾启汉，曾建文，罗伟灵，等，2008. 冬种蚕豆肥水管理技术 [J]. 广东农业学报（12）：147-148.

张海生，2018. 蚕豆病虫害及防治措施 [J]. 吉林农业（16）：75.

张焕裕，1989. 蚕豆主要经济性状对产量的效应分析 [J]. 作物研究（2）：41-43.

张炯，严斌，高营，等，2020. 蚕豆种质资源主要农艺性状遗传多样性分析 [J]. 浙江农业科学（6）：1109-1114，1118.

张平真，2001. 蚕豆小考 [J]. 餐饮世界（1）：58.

张兴民，池小娜，顾文媛，等，2013. 分子标记在蚕豆遗传育种中的研究进展 [J]. 中国蔬菜（9）：31-37.

赵承玉，俞大昭，俞小珍，1995. 蚕豆种质资源对褐斑病抗性鉴定研究 [J]. 湖北植保（5）：324.

赵群，2000. 论甘肃省蚕豆品种改良 [J]. 中国种业（3）：

31-32.

赵晓云，1999. 全国春秋蚕豆农艺性状鉴定研究初报 [J]. 甘肃农业科技 (11)：13-14.

郑永利，冯晓晓，王国荣，2023. 豆类蔬菜病虫原色图谱 [M]. 杭州：浙江科学技术出版社.

郑卓杰，1997. 中国食用豆类学 [M]. 北京：中国农业出版社.

中国农业科学院，2021. 蚕豆新品种选育取得突破性进展 [J]. 南方农业 (13)：86.

周春米，1991. 豆科作物轮作培肥增产效果研究 [J]. 西南农业学报 (4)：91-97.

朱普平，黄开红，郭景隆，等，2000. "蚕豆+青菜/春玉米+地刀豆—秋玉米" 配套技术与效益及经济效益分析 [J]. 耕作与栽培 (4)：9-10.

邹超亚，1981. 耕作学 [M]. 贵阳：贵州农学院.